U0088146

讀品文化

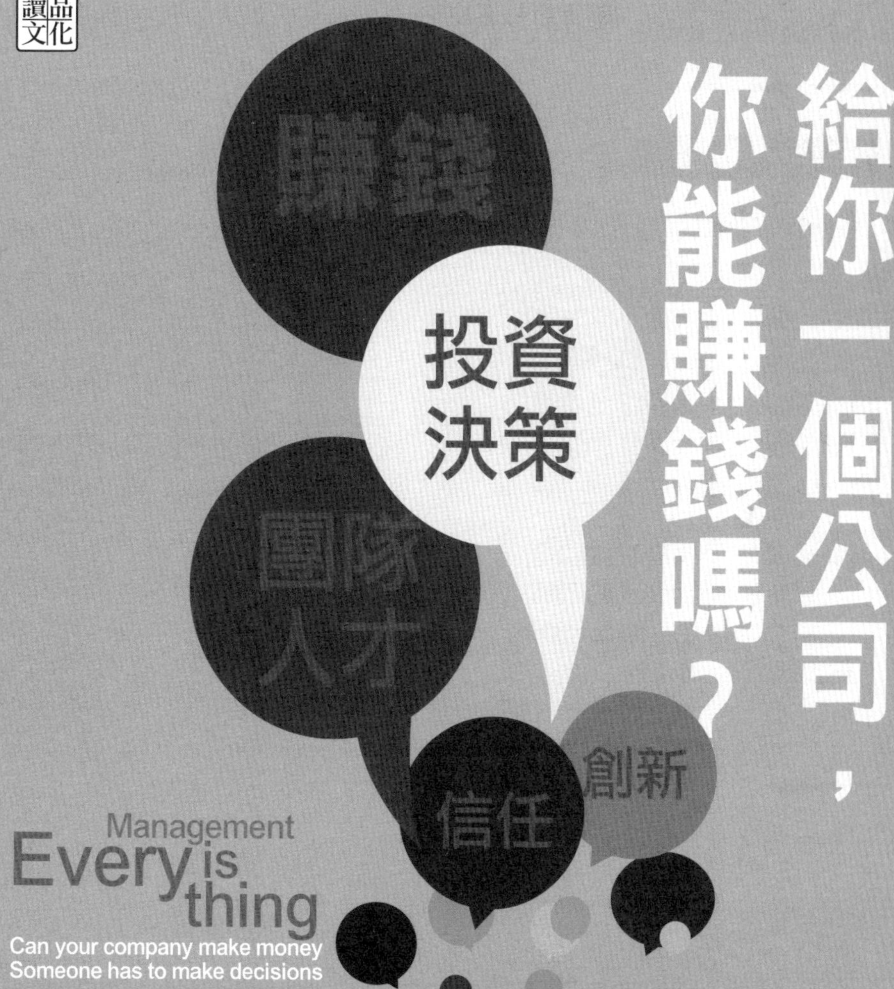
給你一個公司，
你能賺錢嗎？
賺錢
投資
決策
團隊
人才
創新
信任
Management
Every is thing
Can your company make money
Someone has to make decisions
管理，就是管理！

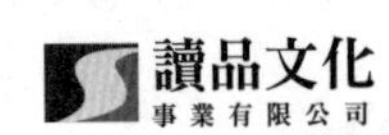

永續圖書線上購物網　讀品文化事業有限公司

WWW.foreverbooks.com.tw　yungjiuh@ms45.hinet.net

全方位學習系列 62

給你一個公司，你能賺錢嗎？

編　　著　金泰熙
出 版 者　讀品文化事業有限公司
執行編輯　林美娟
美術編輯　林子凌

總 經 銷　永續圖書有限公司
TEL／(02)86473663
FAX／(02)86473660
劃撥帳號　18669219
地　　址　22103　新北市汐止區大同路三段 194 號 9 樓之 1
TEL／(02)86473663
FAX／(02)86473660
出 版 日　2015年06月

法律顧問　方圓法律事務所　涂成樞律師
CVS代理　美璟文化有限公司
TEL／(02)27239968
FAX／(02)27239668

國家圖書館出版品預行編目資料

給你一個公司,你能賺錢嗎? / 金泰熙編著.
-- 初版. -- 新北市 : 讀品文化, 民104.06
面 ;　公分. -- (全方位學習系列 ; 62)
ISBN 978-986-5808-97-6(平裝)
1.企業管理 2.組織管理
494.2　104006051

前言

企業的成功不是來自於組織的正式系統，而是來自於支撐這個組織的「精神」。很多領導者會把自己放在首位，放在組織需要和其他員工最大利益之上。他們其中一些人會過分地留心員工的言行，過分地調查公司內的傳言。這種心態使得他們無法做到充分信任下屬，表現在三方面。

表現之一：一位下屬抱怨說：「有些事情是不需要經過那些官僚程序、分析和一道道關卡的，我常常覺得主管刻意想製造一些障礙，不得不和他坐在一起仔細地研究每個細節。」

還有下屬說：「這位主管總是在我面前不斷地提出不客氣的批評，對已經進行的工作叫停，對細節吹毛求疵，他影響到了我的工作。有幾次計劃已經完成，執行主任也批准了，這位主管還提出一大堆建議，堅持要我們照要著他的方式去做。我的計劃被迫停止。」

表現之二：「我和主管相處往往很不愉快，因爲他對我的工作無論大小事情都要管理。他很難想像設計小組的每個成員對自己的專業領域比他懂得更多。他不斷對我們的工作放『馬後炮』。」一位員工如此報怨。

表現之三：另一位員工說：「我的主管希望我隨侍在側，好像我是他的連體嬰似的。他接了一個電話後，會馬上跑出來問我說某某文件放在哪裡了，或者是他現在要去哪兒哪兒，馬上就要這個或那個。我根本沒有時間做自己的工作，因爲我的主管寸步不離地緊盯著我。」

所有這些不信任的表現都將影響組織的效益，更爲重要的是，這樣的不信任將嚴重影響組織目標的實現。只有信任員工，並且讓員工覺得你信任他，從而對你產生信任感。信任不是放任，信任是把事情做好，放任則能把事情毀壞。作爲管理者一定要明白這一點。否則，你只能自慚形穢地面對責任和良心，失去領導者的形象。

真正的信任是，你相信你的下屬會把事情辦得再完美不過，同時你也相信他們會遵循你的原則。

還有一點我們須知道就是，員工不願做一個看起來無能的人的下屬。信任來源於公正大方，但要想長久維繫信任，只有依賴於人們對有能力的上司的崇拜和尊重。

要值得信任，領導者還必須做到公平、公正，偏袒、虛僞、錯誤的觀念和行爲、不道德的舉止，這些會極大地破壞信任。

一個企業的成功，決不僅僅取決於嚴密的制度管理，更在於全體員工的參與意識和自主管理水準。許多著名企業適應時代要求，採用了由「制度管理」向「自主管理」的現代管理方法，逐步實行由制度約束下的「要我做」向高度自覺的「我要做」的轉變。

美國一跨國公司從創立開始就非常強調「紀律」，處處都有清楚的規定，每天早上的上班制度，就是最好的例證。每天上班時間從早上八點整開始，八點零五分以後才報到的就要簽名在「英雄榜」上，背負遲到的罪名，即使你前天晚上加班到半夜，隔天上班時間仍是上午八點。這和當時嬉皮士盛行、個人享樂主義凌駕一切的美國，有些背道而馳，可是卻延續至今，始終如一。

公司強調準時上班最主要的目的，是希望確保每件事都能夠準時開始，像公司會議、報告、專案進度以及最重要的「交貨時間」。公司特別重視團隊合作，任何一個不守時都會影響團隊中其他成員，對公司資源造成浪費，因此準時成爲紀律要求的第一條規範。

創業期的公司總裁是推行紀律管理的最大功臣，他本人嚴守紀律的個性，也經常博得別人的讚揚。他和別人約會，從不遲到。除了準時之外，他的耐力和意志力也令人震驚，一旦決定要做什麼，他必須排除萬難，全力以赴，不看到最後結果決不罷休。他嚴格強悍的作風，使整個公司的管理紀律嚴明，從製造、工程、財務，甚至行銷部門，每件事情都有清楚的規範，甚至連公司留言都分爲不同等級，人人都以此標準而行。許多公司重視人性管理，以重視員工爲口號，只有這位總裁強調紀律勝於一切，這種注重企業自主管理的經驗和方法，使該公司的企業文化獨樹一幟。

管理是公司要賺錢最最重要的一件事，沒有好的管理方式，其他的事情也就別談了也別做了。不同的管理模式會創造出不同的營運成果，所以想要賺錢一定要先從管理開始。

當你擁有好的團隊、優秀的人才、完善的投資計劃、精準的決策與創新的思維時，這個時候公司想要不賺錢也難呀。

Chapter.1

團隊

010 三種類型的團隊

015 工作團隊的成員角色

020 團隊成功的注意事項

023 成功的企業都需要三種人：夢想家、生意人和「雜種狗」

026 構建優秀團隊的指導思想和行事技巧

Chapter.2

廣納賢才的方法與觀念

034 招聘工作應注意應徵者的心理感受

038 招聘形式的比較與分析

053 篩選的方式

058 從錄用到簽約

064 歡迎新員工任職

068 選用人才應持有的正確觀念

072 識別人才中的心理法則

Chapter.3

用人與信任

084 任用人才的一般原則

095 只有合理分工才能使下屬心情舒暢

097 人只有做符合自己秉性的事才會更積極

100 用人以長，容人之短

102 察人所短，因人而用

106 人心各異，方法有別

112 放手讓下屬去做

115 激起下屬的好鬥心

119 讓員工產生歸宿感

123 開除員工會造成更多人的不安

128 合適的解僱方法要以保護員工自尊心為基礎

Chapter.4

對人投資是最有利可圖的

134 培訓的含義
138 員工培訓的類型
141 培訓的方式
144 優秀企業的培訓經驗
149 洞察下屬的學習需求

Chapter.5

決策

156 理性的決策方法
159 有限理性的決策方法
162 程式化決策與非程式化決策
165 決策與魄力
167 決策與遠見
169 決策與機會
172 決策的正確思路
175 避免個人獨斷
177 群體決策要以個體心理為基礎
181 規避決策的陷阱

Chapter.6

創新

196 創新靈感的來源
205 企業創新中的領導者
208 企業創新中的員工
213 創新人才的獎勵體系
217 培育良好的創新環境
227 有利於創新的管理方式
231 推動企業創新活動的溝通方式
237 修路理論與制度建設
239 關於制度建設的十四個人性哲理
252 關於責任的兩個話題

團

人們在一起可以做出單獨一個人所不能做出的事業；
智慧、雙手、力量結合在一起，幾乎是萬能的。

——（美）韋伯斯特

Can Your Company Make Money?

給你一個公司，你能賺錢嗎

三種類型的團隊

根據團隊的存在目的，可以對團隊進行分類。在組織中，有三種類型的團隊比較常見：問題解決型團隊，自我管理型團隊，多功能型團隊。

1. 問題解決型團隊

二十世紀團隊工作方式剛剛盛行時，大多數團隊的形式很相似。這些團體一般由來自同一個部門的五至十二個工人組成，他們每週用幾個小時的時間碰頭，討論如何提高產品品質、生產效率和改善工作環境。我們把這種團隊稱爲問題解決型團隊。

在問題解決型團隊裡，成員就如何調整工作程序和工作方法互相交換看法或提供建議，但是，這些團隊幾乎沒有權力根據這些建議單方面採取行動。

二十世紀八〇年代，應用最廣泛的一種問題解決型團隊是「品管圈」。這種工作團隊由職責範圍部分重疊的員工及管理人員所組成，人數一般爲八至十人，他們定期相聚，來討論他們面臨的品管問題，調查問題的原因，提出解決問題的建議，並採取有效的行動。

2. 自我管理型團隊

問題解決型團隊的做法行之有效，但在提升員工參與決策過程的積極性方面尚嫌不足。這種欠缺導致現代企業努力建立新型團隊，這種新型團隊是真正獨立自主的團隊，它們不僅注意問題的解決，而且執行解決問題的方案，並對工作結果承擔全部責任。

自我管理型團隊通常由十至十五人組成，他們承擔著以前自己的上司所承擔的一些責任。一般來說，他們的責任範圍包括控制工作節奏、決定工作任務的分配、安排工間休息。徹底的自我管理型團隊甚至可以挑選自己的成員。透過讓成員相互進行績效評估，管理人員的重要性就下降了，甚至可以被取消。例如，設在賓夕法尼亞州的通用電氣公司機車發動機廠大約有一百多個團隊，它們負責進行工廠的大多數決策：有權安排檢修工作；決定工作日程；常規性地控制設備採購，如果一個團隊不打報告就花掉二百萬美元，工廠經理人也不會擔驚受怕。

在實施這種管理方式的工廠裡，整個工廠是由瞬息萬變的自我管理型團隊經營的。它們制定自己的工作日程表，自己輪換工作，設置生產目標，建立與能力相關的薪資標準，解僱同事，聘用員工。

施樂公司、通用汽車公司、百事可樂公司、惠普公司是推行自我管理型工作團隊的幾個典型代表。目前在美國，有四〇%至五〇%的美國工人可以透過這種團隊形式來管理自己。

但是不可否認的是，有些採用了自我管理型團隊的組織結果也會令人失望。例如，麥道航空公司的員工在面臨大規模的解僱形勢時，就曾集合起來反對公司採用自我管理型團隊形式。對自我管理型工作團隊效果的總體研究表明，實行這種團隊形式並不一定帶來積極效果。

比如，在自我管理型團隊中，員工的滿意度的確有所提高，但是，與傳統的工作組織形式相比，自我管理型團隊成員的缺勤率和流動率偏高。

3.多功能型團隊

多功能型團隊是由來自同一等級、不同工作領域的員工組成，他們來到一起的目的是完成一項任務。

許多組織採用這種跨越橫向部門界線的形式已有多年。例如，在二十世紀六〇年代，ＩＢＭ公司爲了開發卓有成效的三六〇系統，組織了一個大型的任務攻堅隊，攻堅隊成員來自於公司的多個部門。任務攻堅隊其實就是一個臨時性的多功能團隊。同樣由來自多個部門的員工組成的委員會是多功能團隊的另一個例子。

但多功能團隊的興盛是在二十世紀八〇年代，當時，所有主要的汽車製造公司——包括豐田、本田、寶馬、通用汽車、福特、克萊斯勒都採用了多功能團隊來協調完成複雜的專案。

摩托羅拉公司在實施「鈦星專案」時論證了爲什麼如此眾多的公司採用多功能團隊形式。這個專案就是開發一個能夠容納六十六顆衛星的大型網絡。「一開始我們就意識到，要以傳統形式來完善規模如此巨大、工程如此複雜的專案，並能準時完成任務是不可能的。」專案總經理說，在專案的第一年一直到專案進行到一半時，由二十個摩托羅拉員工組成的多功能團隊每天早晨聚會一次。後來，這個團隊的成員擴展到包括其他十幾個公司的專家，如通用電氣公司的專家、亞特蘭大科技公司的專家、俄羅斯克蘭尼切夫公司的專家等等。

總之，多功能團隊是一種有效的方法，它能使組織內甚至組織之間不同領域的員工之間交換訊息，激發新的觀點，解決面臨的問題，協調複雜的專案。當然，多功能團隊的管理不是管理野餐會，在其形成的早期階段往往要消耗大量的時間，因爲團隊成員需要學會處理複雜多樣的工作任務。在成員之間，尤其是在那些背景不同、經歷和觀點不同的成員之間，建立信任並能真正地合作也需要一定時間。

最好的工作團隊規模一般比較小，如果團隊成員多於十二人，他們就很難順利展開工作。他們在相互交流時會遇到許多障礙，也很難在討論問題時達成一致。一般來說，如果團隊成員很多，就難以形成凝聚力、忠誠感和相互信賴感，而這些卻是高績效團隊所不可缺少的。所以，管理人員要塑造富有成效的團隊，就應該把團隊成員人數控制在十二人之內。如果一個自然工作單位本身較大，而你又希望達到團隊的效果，那麼，可以考慮把工作群體分化成幾個小的工作團隊。

工作團隊的成員角色

要想有效地運作，一個團隊需要三種不同技能類型的人。

1. 有技術專長的成員，各項專案都需要擁有各類技術的人員，提供不同及專業的見解及建議。

2. 有解決問題和決策技能，能夠發現問題，提出解決問題的建議，並權衡這些建議，然後做出有效選擇的成員。

3. 善於聆聽、回饋、解決衝突及擅長處理人際關係的成員。

如果一個團隊不具備以上三類成員，就不可能充分發揮其績效潛能。對具備不同技能的人進行合理搭配是極其重要的。一種類型的人過多，另外兩種類型的人自然減少，團隊績效就會降低，但在團隊形成之初，並不需要以上三方面的成員全部具備。在必要時，一個或多個成員去學習團隊缺乏的某種技能，從而使團隊充分發揮其潛能的事情並不少見。

一般而言，如果成員的工作性質與其人格特點一致，其績效水準容易提高。工作團隊內的位置分配有方，也可以達到這樣的效果。團隊有不同的需求，挑選團隊成員時，應該以員工的人格特質和個人偏好爲基礎。

高績效團隊能夠給員工適當地分配不同的角色。例如，長期使球隊保持贏球的籃球教練知道如何挑選富有前途的隊員，能識別他們的優勢與劣勢，並把他們安排到最適合他們才能的位置上，使他們能爲球隊做出最大貢獻。這種教練們能夠認識到，一個取勝的球隊需要有多種技能的球員，如控球手、強力得分手、三分球手、投籃阻擋手等等。成功的球隊具有能夠勝任關鍵位置的球員，並能在瞭解球員和愛好的基礎上，把他們配置到各個位置上。

許多研究已經證明，在團隊中人們喜歡扮演九種潛在團隊的角色。現在我們就來簡要描述這九種角色位置，並考察它們對於塑造高績效團隊的意義。

1. 創造、革新者：產生創新思想

一般來說，這種人富有想像力，善於提出新觀點或新概念。他們獨立性較強，喜歡自己安排工作時間，按照自己的方式和節奏進行工作。

2. 探索、倡導者：倡導和擁護所產生的新思想

他們樂意接受、支持新觀念，在創造、革新者提出新創意之後，他們擅長利用這些新創意，並找到資源支持新創意。這種人的主要弱點是，他們不一定總是有耐心和控制才能來使別人追隨新創意。

3.評價、開發者：分析決策方案

他們有很高的分析技能，在決策前，如果讓他們去評估、分析幾種不同方案的優劣，是再適合不過了。

4.推動、組織者：提供結構

他們喜歡制定操作程序，以使新創意成爲現實。他們會設定目標，制定計劃，組織人力，建立起各種制度，以保證按時完成任務。

5.總結、生產者：提供指導並堅持到底

與推動、組織者相似，他們也關心活動成果。但他們的著眼點主要在於：堅持必須按時完成任務，保證所有的承諾都能兌現。他們引以爲榮的事情是：自己生產的產品合乎標準。

6.控制、檢查者：檢查具體細節

這種人最關心的事情是規章制度的建立和貫徹執行，他們善於核實細節，並保證避免出現任何差錯。他們希望核查所有事實和數據，希望保證不出現一點紕漏。

7. 支持、維護者：處理外部衝突和矛盾

這種人對做事的行爲方式有強烈的信念，他們在支持團隊內部成員的同時會積極地保護團隊不受外來者的侵害。他們對團隊而言非常重要，因爲他們能夠增強團隊的穩定性。

8. 彙報、建議者：尋求全面的訊息

他們是很好的聽眾，而且不願把自己的觀點強加於人，他們願意在做出決策之前得到全面的訊息。因此，他們在鼓勵團隊作決策之前充分搜集訊息，而不是匆忙於決策方面，發揮著非常重要的作用。

9. 聯絡、合作者：綜合協調

最後一種角色與其他角色有重疊，上述八種角色中的任何一種都具有承擔這種角色的智能。聯絡者傾向於瞭解所有人的看法，他們是協調者，是調查研究者。他們不喜歡走極端，而是盡力在所有團隊成員之間建立起合作關係。他們認識到，其他團隊成員可以爲提高團隊績效做出各種不同的貢獻。儘管成員之間可能存在差異，他們會努力把人和活動整合在一起。

如果強迫人們去承擔以上各種角色，大多數人能夠承擔得起任何一種角色，但人們非

常願意承擔的通常只有兩種。管理人員有必要瞭解個體能夠給團隊帶來貢獻的個人優勢，根據這一原則來選擇團隊成員，並使工作任務分配與團隊成員偏好的風格相一致。透過把個人的偏好與團隊的角色要求適當匹配，團隊成員就可能和睦共處。發明這種架構的研究者認爲，團隊不成功的原因在於具有不同才能的人搭配不當，導致在某些領域投入過多，而在另一些領域投入不夠。

團隊成功的注意事項

在團隊中需要注意的問題有以下幾方面。

1. 對於共同目的的承諾

是否每個團隊都有全體成員渴望實現有意義的目的呢?這種目的是一種遠見，比具體目標要寬泛。有效的團隊具有一個大家共同追求的、有意義的目標，它能夠為團隊成員指引方向，提供推動力，讓團體成員願意為它貢獻力量。

成功團隊的成員通常會用大量的時間和精力來討論、修改和改善一個在集體層次上和個人層次上都被大家接受的目的，這種共同目的一旦為團隊所接受，就像航海學知識對船長一樣——在任何情況下，都能發揮指引方向的作用。

2. 建立具體目標

成功的團隊會把他們的共同目的轉變為具體的、可以衡量的、現實可行的績效目標。

目標會使個體提高績效水準，目標也能使群體充滿能力。具體的目標可以促進明確的溝通，它們有助於團隊把精力放在達成有效的結果上。

3. 管理與結構

目標決定了團隊最終要達成的結果，但高績效團隊還需要管理和結構來指明方向和焦點。例如，確定一種大家認同的方式，就能保證在達到目標的手段、方向上團結一致。

在團隊中，對於誰做什麼和保證所有的成員承擔相同的工作負荷問題，團隊成員必須取得一致意見。另外，團隊需要決定的問題有：如何安排工作日程，需要開發什麼技能，如何解決衝突，如何做出決策和修改決策，決定成員具體的工作任務內容，並使工作任務適應團隊成員個人的技能水準。所有這些，都需要團隊的管理和團隊結構發揮作用。有時，這些事情可以由管理人員直接來做，也可以由團隊成員透過扮演探索者、推動者、總結者、聯絡者等角色自己來做。

4. 社會化和責任心

個人的成績可能會被埋沒於群體中，在集體努力的基礎上，個人可能只被看成集體的一員，個人貢獻無法直接衡量。

高績效團隊透過使其成員在集體層次和個人層次上，都承擔責任來消除這種傾向。

成功的團隊能夠使成員各自和共同爲團隊的目的、目標和行動方式承擔責任。團隊成員很清楚，哪些是個人的責任，哪些是大家的共同責任。

5. 適當的績效評估與獎酬體系

如何才能使團隊成員在集體和個人兩個層次上都具有責任心呢？傳統的以個人導向爲基礎的評估與獎酬體系必須進行變革，才能充分地衡量團隊績效。

個人績效評估、固定的時薪、個人激勵等等與高績效團隊的開發是不一致的，因此，除了要根據個體的貢獻進行評估和獎勵之外，管理人員還應該考慮以群體爲基礎進行績效評估、利潤分享、小群體激勵及其他方面的變革，以此來強化團隊的奮進精神和承諾。

成功的企業都需要三種人：夢想家、生意人和「雜種狗」

美國現代金融業的先驅和奠基人之一摩根（J.P.Morgan），在締造了鼎鼎有名的摩根財團之外，還以諸多石破天驚的言論聞名於世。

他是真正的資本家，但是他卻說：「推動世界進步的不是什麼狗屁資本，而是性。」

他在對待美國以往的歷史時說：「歷史差不多等於胡說八道。歷史等於傳統，而我們不要傳統，我們要活在當下。唯一值得我們詛咒的，就是我們正在創造著歷史。」如果說摩根對性的推崇多少含有對自己放蕩的私生活的辯解、對歷史的蔑視多少含有對自己成就的洋洋自得的話，那麼他對企業團隊的見解卻展現了他的真正的智慧。

他說：「每個成功的企業都需要三種人——一個夢想家，一個生意人，還有一個『雜種狗』。」

今天的團隊領導者更傾向於由五種類型的人組成一個理想中的夢幻團隊。他們是：資深經理人、團隊或是部門經理人、執行中處於前線營運的核心人物、年輕員工，以及人力資源的專業人員。每個類型的人士都具備其獨特的觀點以及活力的來源。

1. 資深經理人

這個資深經理人扮演贊助者的角色，帶領團隊執行行動。雖然他不見得會積極參與團隊召開的每個會議，但是他會監督這些工作的進度。

2. 相關領域的專業人員

他們是能夠檢討團隊發展以及結構的專家，這個專家的角色可以從企業裡頭遴選，也可以從外面的顧問公司聘請顧問來擔任。

3. 各部門經理人

這些經理人代表的是可能會受到影響的部門。除了代表所屬部門發言之外，他們也能夠提供稍後階段所需的使命感以及資源。

4. 有興趣的年輕人才

這是讓年輕員工有機會參與的大好機會，他們能夠爲計劃的執行帶來新鮮的點子以及充沛的活力。透過參與工作小組的體驗，這些年輕人也有機會獲得個人成長的機會。工作小組的建立是以各個主題爲核心，並且以市場分析的工作作爲基礎，透過與其他公司的比較來擴大市場分析的視野，並且爲目標以及行動做好準備。

要是沒有這些關鍵人物，成功的機率就會大幅降低。這種打破壁壘的執行團隊對於以人爲本的策略運作而言是非常重要的架構。執行團隊的成員當中，有些已經參與過勾勒未來願景以及市場分析這些初步的階段。除了這些基本的小組成員之外，還加入了專業人士以及行動領域相關人員。

構建優秀團隊的指導思想和行事技巧

一個團隊的成功與否、執行的有效與否取決於構建團隊的指導思想和行事技巧，看看這些在你的執行團隊構建中是否充分領略並實施了：

1.更多參與

讓人人參與並不是從相鄰的隔間或辦公室裡哪個人開始的，它就是從你開始的。告訴你的上司，你願意幫助他達到他的目標，問問你能做些什麼。

保證讓每個人都覺得可以自由表達意見：爲了吸納每個人的智慧，必須讓團隊裡的所有成員都感覺到，可以很舒服地大聲講出自己的見解。

建議召開一個非正式的集思廣益的會議：有些人害怕正式會議。建議大家一起吃一頓自帶飯菜的午餐，告訴他們來的時候至少準備一個改進企業工作方式的構想。

2.容人，容可容之人

為了能夠更容易地捕獲食物，野驢和獅子締結了互助條約，野驢跑得快，負責尋找食物，獅子有力量，負責捕捉食物，二者結合在一起共同發揮作用。果然，它們很快就捕到了一份肥美的食物，由獅子來實施分配方案，它將食物分成三份，說：「我拿第一份，因為我是百獸之王；第二份也應該歸我，因為這是我們合作我所應得的，至於第三份嘛，我們可以公平競爭，不過你要是不趕緊滾開，把它讓給我，你恐怕就要大禍臨頭，成為我的第四份美味了。」結果獅子把野驢趕跑了，以後它再也沒找到肥美的食物了。

獅子和野驢的團隊應該說是具有強大的力量的，如果獅子不是那麼貪得無厭，能夠容忍野驢從戰利品中分一杯羹的話，那麼它們的合作還可以繼續。否則，團隊必然土崩瓦解。

3. 因事設人

執行團隊是一個整體，是一盤棋，上上下下都是棋子，如何讓這些棋子都能發揮到自己的作用，這是執行的管理人員、指揮人員指揮方略中的重點。要想把每個棋子激活，就要讓每個人都肩負著使命，這就必然做到因事設人。因事設人的具體做法如下。

各就其位。事業為本，人才為重，人事兩宜是用人的重要原則。人事兩宜有兩個含義，一是按照需要量才使用，二是要瞭解人，而且要徹底地瞭解，量才適用，適才所用。

盡其所長。高明的領導人，總是根據人才的潛能、特長和品德合理地使用它們，分配給人才使用的權力必須足夠使其發揮作用。

因人而異。用人需要根據人才的條件進行安排，人才發揮作用，建功立業也同樣需要有客觀條件，條件不具備時，人才就是再有才能也是英雄無用武之地。

4. 提供成長的機會

如果你交付一項任務，先確定接手的下屬會相互信任且彼此尊重。信任會產生有效率的集體行動，朝向一致的目標。要追蹤團隊成員彼此的關係，使團隊回饋對扮演決定性角色的人員的看法。

「在高盛，團隊就是一切，」全球五大會計師事務所之一的高盛公司前CEO費弗這樣說，「所以每個人必須瞭解朝夕相處的同事的觀點。」爲了促進瞭解，高盛採取一套同事評鑒系統，讓每位資深主管知道同事如何看待自己。

團隊合作的想法不是對每個執行團隊都很容易。飛利浦董事長提默認爲這應該歸咎於領導者。

「我們需要學習在團隊中工作，越來越多新一代的年輕人很容易習慣一起工作，他們較少顧慮權力與職位，想要實際投入，反而是老闆把他們往回拉。」根據提默的說法：「我們需要學習給他們更多的空間。」

柏西迪也同意提默的判斷。他曾說：「多數年長的主管因爲稱職地完成任務而爬上現在的職位。美國公司的層級嚴明，有才華的獨行俠可在組織中慢慢而上。」儘管許多執行的管理人員感歎高處不勝寒，但他們的確喜歡這樣的結構，柏西迪說因爲這套體系使他們能夠憑藉頭腦和辛勤工作來出人頭地。但他強調這樣的組織是過時的。事實上，他斷然拒絕這類獨行俠行徑，因爲它有害執行的有效進行，而且不再值得獎勵，「無論它完成了多麼令人印象深刻的任務」。

5. 珍惜多樣化的觀點

團隊成員的多樣化背景與專長是無比珍貴的。當領導者提出一個問題，要設法確定有一個多元化的團隊來評估新計劃並討論提案。麥肯錫諮詢公司的管理顧問約翰・諾德史卓姆建議：「傾聽，傾聽，再傾聽。」領導者要瞭解其他執行人員根據不同經驗與認知所產生的觀點，同時「盡可能地瞭解並信任他們」。

還有，要鼓勵公開討論，「我痛苦地發覺，如果某人有問題未解決，或許有適當的理由，」諾德史卓姆說，「我想要瞭解他的想法來自何處。一旦我明白了，我或許會不同意並說：『我們不打算這麼做。』但至少原來未說出口的問題攤到了桌面上。」

諾德史卓姆指出：「這些人知道他們在做些什麼，即使他們看起來好像在做瘋狂的事情。我讓他們放手處理，事後發現，他們通常是對的。」

6.選擇對的人

提默相信團隊成員必須被鼓勵積極行事、勇於冒險並承擔責任。他同時認爲領導者必須支持每個執行人員，即使他們犯了錯誤，畢竟每個人都會犯錯。

當你交付一項任務，你要確定執行的人員瞭解你想要他們做出最佳的處理方式，就算是與現存政策相反，或比平常冒更大風險。如果執行中懲罰冒險並獎勵規矩的表現，團隊成員只會繼續逃避責任，不會達到最佳狀態。最重要的是，每個成員要能得到機會以發揮他們的技巧和知識。領導者也要鼓勵團隊成員解決問題的好奇心，激勵第一線執行人員獨立思考與行動。

如果你真的對員工吹毛求疵，執行速度就會迅速減慢。如果團隊的成員會因提出建議而被批評得遍體鱗傷，他們恐怕不會給你任何改變的機會。每個成員需要感覺底下有個安全網，才會往外探測。領導者必須容許他們犯錯並從中學習，繼續爲執行作「最佳個人表現」。畢竟，有錯誤才會有進步。

這並不是說團隊成員可以不顧後果而亂作決定。當某個成員的態度輕忽草率，領導者必須決定是否停止這種惡性循環，如同領導者必須明白指出，拒絕承擔責任的人是在糟蹋自己的事業前途。領導者顯然是走在支持團隊成員與維持秩序之間的細微界限上。領導者也許想幫某個成員增強信心，為他提供獨立做事的空間，支持他冒險，卻發現很難打破傳統保守的價值觀。許多執行團隊仍存在著舊有的階層型、命令與控制型、躲避風險的環境；沒有領導者鼓勵責任感，也就沒有人會去承擔責任。

在這種情況下，換血或許是唯一的解決之道。費弗直言：「要清掉枯枝，僱用你認為比自己更好的人，訓練他們並給他們回饋。確定你的評估和升遷標準符合你定出的道德和價值觀。」麥肯錫總經理山森也說：「我們需要僱用那些不需要權威就能管理的人。團隊成員會失敗，是因為我們用錯了人。更糟的是，一個不勝任的領導者會使四項計劃的工作效率降低二十八%。」

給你一個公司
你能賺錢嗎？

Can Your Company Make Money

貳

納賢才的方法與觀念

在公司內部找到能夠超過你自己的人，這就是你發現人才的辦法。

——馬雲

Can You Make Company ?

給你一個公司，你能賺錢嗎

招聘工作應注意應徵者的心理感受

1. 塑造良好的企業形象有助於吸引優秀人才

一個企業的對外形象在招聘中，往往發揮到非常重要的作用。試想，有誰願意加入一個聲名狼藉的企業呢？又有誰願意將一個素有管理混亂、對員工刻薄之名的企業作爲自己職業生涯的發展之地呢？如果社會上對企業對待其員工的方式有看法，或者企業產品的聲譽有問題（如嚴重地破壞環境），該企業在這個地區的招聘活動就有可能遇到困難。而如果企業在當地有很好的口碑，也就更容易招到優秀的人才。

2. 重視招聘團隊的組建人才

於國外曾出現過這樣一個新聞：某大型名酒企業以年薪二百萬招聘財務、行銷副總經理。誘人的職位，高額的年薪，一時吸引了眾多求職者。許多業內的精英紛紛慕名招聘現場，希望能夠進行詳細的諮詢。但是許多人一到招聘現場就大失所望，因爲該企業的招聘現場只有幾個普通的人事部門員工，公司決策階級的人一個也沒有。這些精英們忿忿不平，向許多媒體的記者大呼上當。經媒體的炒作，這一事件鬧得沸沸揚揚，企業非但沒有招聘到優秀的人才，反而給企業的外部形象造成了極其不良的影響。

這家企業爲了招聘到優秀的人才，所開出的薪酬不可謂不多，給予的職位也不可謂不高，但最終不但沒有完成招聘計劃，反而損害了企業形象，這究竟是什麼原因呢？應該看到，在招聘過程中，工作申請人是與組織的招聘團隊成員接觸而不是與組織直接接觸，而且招聘活動往往是工作申請人與組織的第一次接觸。在對組織的特徵瞭解甚少的情況下，申請人會根據組織在招聘活動中的表現來推斷組織其他方面的情況，招聘人員是申請人所見到的企業的第一印象。所以，企業員工的招聘人員不僅要具備良好的個人品格與修養、廣闊的知識面和一定的人力資源管理技術，更重要的是要將企業的求賢若渴和重視程度表現出來，這就要求必須有總經理級別的管理人員參加招聘的整個過程，對技術類的企業員工，還應當有企業內外的本領域專家參加，防止外行考內行現象的出現。

國外許多著名的大公司如花旗銀行、英特爾、微軟等在招聘企業員工時，程序往往很繁瑣，需要經過七、八個人的分別面試，但很少有候選人中途自己退出。除了受到大公司巨大的發展前途和優厚待遇的吸引外，根本原因在於與候選人會談的都是部門經理人以上級別的公司管理，甚至還有總裁。在如此重視下，所謂的繁瑣程序在申請人眼裡的也就不算什麼了。

3. 招聘訊息的發佈方式

企業在職位有了空缺以後，都需要透過一定的方式將招聘的訊息傳送出去。而傳送訊息所用的管道和媒體影響著消息的發佈效果和最後的招聘結果，因此必須慎重。招募訊息的發佈方式有很多種，對內部招聘來說，主要是在企業內部以公告的方式發佈，在企業外部則需要利用各種新聞和宣傳媒介。

招募公告。在普通員工的內部招聘中，招募公告是非常普遍的方法，將所需職位和該職位的責任、義務、必需的資格和技能、薪資水準及其他相關的訊息向企業中的每一位員工公佈。這種方式有助於企業發現那些可能被忽視的、潛在的內部應徵者，同時也可以提高員工的積極性。但是，對於企業員工的內部招聘來說，這種方式並不十分適合，它一般只能應用於較低層次的管理人員和技術人員的招聘。

而對於較高階的管理人員而言，則應當更多地使用個人記錄、職位技術檔案等方法。因爲，企業員工需要許多技能，這些技能是與其職業工作經歷和相關的教育培訓狀況緊密聯繫的，這就決定了企業員工的內部招聘不應該使用向全企業所有員工發出公告的形式，而僅僅向特定的具備一定資格的員工發出即可。因爲使每個員工都知道空缺職位的訊息，篩選大量不具資格的申請，向每個沒被選上的員工解釋原因並鼓勵他們，會浪費企業大量的人力及物力。

招聘廣告。招聘廣告是利用各種宣傳媒介發佈組織招募訊息的一種方法，主要用於企業外部招聘過程。其中常用的有廣播、電視、報紙、雜誌、網際網路等等。

招聘形式的比較與分析

企業中出現一個職位的空缺後，總裁和人力資源部門就需要做出決策：是採用內部招聘還是外部招聘呢？是採用校園招聘呢還是和獵人頭公司合作呢？應當說，各種招聘形式都有各自的優缺點，企業在應用時應當根據自己的實際情況和需要加以選擇。

內部招聘

內部招聘對於企業的管理職位而言是最重要的來源。在美國進行的一項抽樣調查中，有九〇％的管理職位是由內部招聘來填補的。這種情況在規模較大、培訓機制健全的企業中更為明顯。像ＩＢＭ、英特爾及日本大多數大企業財團就除了招收剛剛畢業的學生外，一般不再使用外部招聘的方式，職位的空缺全部由內部選拔產生。

如此之多的企業青睞是來源於內部招聘擁有的許多優點：

1. 內部招聘為組織內部員工提供了發展的機會，增加了內部員工的信任感，這有利於激勵員工，有利於員工職業生涯發展，有利於安定員工隊伍，提高員工的積極性。畢竟，對於企業員工而言，事業的成功、巨大的發展空間永遠是最好的激勵措施。

2. 現有的員工在企業已經工作了一段時間，他們應該更具有對企業效忠的意願。在一個較低的職位上都沒有離開，那麼在得到提升後其流失的可能性一般也較小。另外，提拔內部人員可以提高所有員工對組織的忠誠度，在制定管理決策時，更能做比較長遠的打算。

3. 內部招聘為企業節約了大量的費用。如廣告、招聘人員與應徵人員的差旅費、被錄用人員的生活安置費、培訓費等。同時，內部招聘通常能夠簡化招聘程序，為企業節約時間，並省去許多不必要的培訓項目，如入廠教育、企業文化教育等，減少了組織因職位空缺而造成的間接損失。

4. 由於對內部員工有較為充分的瞭解，使得被選擇的人員更加可靠，從而提高了招聘的品質和正確性。特別是對於企業員工的招聘而言，擬招聘的人員都要從事關係到企業核心競爭力的業務，如果選人不慎，就有可能出現「一著不慎，滿盤皆輸」的情況。

當然，內部招聘的選擇範圍終歸太小，特別是對於一些中小企業而言，更是如此。所以它也不可避免地存在一些缺點：

1. 那些申請了但卻沒有得到職位或者沒有得到空缺訊息的員工可能會感到不公平、失望甚至心生不滿，從而影響其工作積極性。因此需要做大量的解釋與鼓勵的工作。所以，就像我們在前面所論述的，在企業內部招聘企業員工時，應該結合企業的員工技術檔案，應當將訊息公告的範圍有意識地加以縮小，這樣才能在一定程度上緩解這個問題。

2. 由於新主管一般是從同級的員工中產生，工作集體可能會不服氣，這使新主管不容易建立管理聲望。更極端的情況是，在資訊業中提拔一個人，確造成一群人離職的現象時有發生。

3. 從內部晉升也會產生新的空缺，即被提升人所空缺出來的職位。因此，有時從內部提升，在培訓上並不節約。因爲一次產生了兩個需要培訓的員工。當然，在企業外部環境變化不劇烈，職位本身影響力不大時，這可以作爲企業整個培訓、人才儲備計劃的一部分。但是，瞬息萬變的市場不會等待一個員工的成熟，如果需要培訓的時間過長則不如換一種招聘的方式。

內部招聘的最大問題是近親繁殖。如果企業的整個管理隊伍都是邁著同樣的階梯晉升上來的，在管理決策上就會缺乏差異，整個管理階層就會缺乏創新意識。在二十世紀末，日本的泡沫經濟破滅後，在日本經濟的重整和轉型中各大企業財團的紛紛束手無策就是由於這個原因。

外部招聘

企業員工的外部招聘一般來說有著這樣幾種方式：校園招聘、網絡招聘、獵人頭公司等。與內部招聘相比，外部招聘有它獨特之處：

1. 外部招聘有利於平息和緩和內部競爭者之間的緊張關係。在內部招聘中總會有失敗者，當這些失敗者發現自己的同事，特別是原來與自己處於同一層次、具有同等能力的同事得到提升甚至成爲自己的上司時，很可能會產生不滿的情緒，甚至不服工作乃至最終離職而去。而從外部招聘則可以避免這些問題的發生，有利於保持企業內部和諧的氛圍。

2. 外部招聘在內部員工還不能擔負重任時，可以減少組織職位缺乏所造成的損失。在企業空出一個工作後，在內部並不一定有合適的人選，特別是企業的核心職位。勉爲其難地提拔一個內部員工，企業可能要爲他的不成熟付出慘重的代價。

3. 「外來優勢」的存在。「外來的和尙會唸經」，大多數內部領導人員在思維上具有一定的趨同性，而透過外部招聘得到的員工一般更容易破除這個趨同性，並爲企業帶來新的管理方法和經驗。他們沒有太多的條條框框束縛，從而能給企業帶來更多的新鮮空氣和創新機會。新近加入企業的人一般也更少地受到複雜人情網絡的影響。

當然，外部招聘也有許多缺點，如外聘人員可能對企業內部情況不太瞭解、對企業原有企業文化不適應、企業對應徵者的情況缺乏深入的瞭解等。

由於內外招聘各有優缺點，所以大多數企業都實行內外招聘並舉的方針。具體來說，如果一個企業的外部環境和競爭情況變化非常迅速，而它的規模又比較小，則它既需要開發利用內部人力資源，又更要側重外部人力資源。而對於那些外部環境變化緩慢、規模較大的企業來說，從內部進行提拔則更為有利。

校園招聘

近年來，工作經歷已不是招聘企業員工的必備條件，越來越多的大企業將眼光投向大學校園。

大學校園是高素質人才最為集中的地方，招聘時很容易收集到足夠數量的申請資料；在知識經濟下，應屆畢業生充沛的精力和較強的接受新事物的能力，更容易使他們成為企業未來的支柱；俗話說：「一張白紙好畫畫。」大學應屆畢業生沒有工作的經歷，在工作中思維方式與處理問題的方法上不會與企業產生牴觸，更容易融入企業的企業文化之中，而不會像許多「空降兵」那樣與企業磨合時間過長甚至失敗；大學畢業生往往對自己的第一份工作更具有敬業精神。有資料調查表明，在工作三年內不準備更換工作的大學生占到了七十六%。

當然，大學校園招聘還有許多不足之處，需要在實踐中予以注意：

1. 企業的規模與培訓機制

傾向於利用校園招聘、將應屆畢業生培養成自己的企業員工的企業無一例外的規模都比較大，如聯合利華、英特爾、寶潔等，而且其員工培訓機制也非常健全與完善。這是因爲從一個剛剛畢業的大學生到企業的員工，往往需要較長時間、較多的培訓和鍛煉機會。大企業的組織結構與培訓機制可以提供這些，而小企業則比較困難。因此對於規模較小且急於招聘到員工塡補空缺的企業而言，校園招聘並不是明智的選擇，可能從外部招聘擁有相關工作經歷的員工更爲有效。

2. 學校的選擇

學校的選擇與企業的財務狀況密切相關。如果實力雄厚且招聘數量較多，則可以到全國範圍的學校內選擇，像近年來，許多大型公司就採用了這樣的策略；如果財力有限，則可能就要局限在當地的學校中了。當然，對這個問題還有一些因素的影響，如在本公司關鍵技術領域的技術水準，該校以前畢業生在本公司的業績和服務年限等。因爲一個學校雖然名氣一般但有可能在企業所需專業方面非常出色，可能其畢業生多擁有踏實的作風和較強的動手能力。需要注意的是，對於企業特別是實力和員工待遇一般的企業，最著名的學校並不是最理想的招聘來源，因爲這些學校的學生往往自視過高，不願意承擔具體而繁瑣的工作，在工作實際與期望值有差距時，離職率較高。在實務中，許多公司就很注意從私立學校中挖掘人才。

3. 降低學生的期望值

一般來說，剛剛進入勞動市場的畢業生，由於缺乏實際工作經歷，對工作、待遇及職位等容易產生一種不現實的期望。而這種期望與將其培訓成企業員工的長期性和艱苦性有很大的矛盾。現實中，許多企業抱怨的大學畢業生離職率高的問題多來源於此，解決問題的關鍵就在於降低大學生對工作的期望值。在招聘之初就應當明確地告訴他們公司的實際需要和所能夠提供的待遇與職位。不要試圖爲了招聘到更多優秀人才而誇大自己的職位和待遇。要知道，招聘到優秀人才而他們在短時間內又離職，還不如開始就實事求是地介紹情況招來能夠踏踏實實工作的人，然後再一步步地培養。

4. 樹立良好的形象

實踐證明，在學生中擁有較好形象的企業更容易招聘到優秀的學生，而這個好形象則可以透過下列措施來實現：大張旗鼓地進行大範圍的招聘，或贊助目標學校一些專案或活

動；在自己想招聘的專業中設立以企業名稱命名的獎學金，這樣獲得獎學金的學生在畢業後就更傾向於加入這個企業。

員工推薦制度

根據一家管理顧問公司的調查，有四〇%的中小企業領導者說他們曾使用過某種類型的員工推薦制度，而且企業中有十五%的員工都是透過已有的員工直接介紹而被企業僱佣的。

這種制度得到廣泛的應用，這是因爲該制度具有以下優勢。

1. 企業員工在推薦候選人時，他們對企業的要求和候選人的條件都有了一定的瞭解，會先在心目中進行一次篩選。當他們確信在被推薦和職位空缺之間存在一種相互匹配性時，才會將此人推薦到空缺的工作上。

2. 企業員工能夠將自己的親戚朋友推薦到公司，本身就說明了他們對公司現有狀況的滿意和對公司的忠誠感。

3. 被推薦者透過推薦者的介紹可以對企業有一個比較現實的基本瞭解，從而在一定程度上減少與企業環境和企業文化的磨合時間。

4. 作爲推薦者的員工，通常會認爲被推薦者素質與他們自己有關，只有在他們認爲被推薦者不會給他帶來不好的影響時，才會主動推薦他人。

5. 根據心理學家的分析，這種制度對挽留企業員工，降低其離職率有很大的幫助。這是因爲，個人可能很容易脫離自己的組織或企業，但很難脫離自己的社會關係網，在中國文化中更是如此。透過這種制度進入企業的員工總會在某種程度上礙於與推薦人的關係而對離職有所顧忌。同時，推薦人對他的說服和勸導也會發揮到相同的作用。

6. 這種制度由於有企業內部人員推薦保證，可以從一定程度上從推薦人的品格、能力上推算被推薦人的水準。因此可以省略過多的測試程序，從而更快地填補工作的空缺，表現出更強的流動性和靈活性。它一般更適用於資訊業技術人員的招聘。

員工內部推薦的流程是：先由需要用人的經理人提出用人需求，人力資源部將此訊息進行內部招貼，企業內部的員工知道有這個用人名額，就可以將自己認爲合適的人選推薦到公司來，公司的用人部門經理人和人力資源部門面試人員透過面試，覺得推薦人選合適，就可以進來上班。這種招聘制度的速度非常之快。但是推薦進來的員工要經過三個月的試用期，經理人覺得推薦來的員工合適，該員工的推薦人就可以拿到獎金。

另外，還應當對做過推薦的員工進行記錄。如果其推薦的人員非常出色，則應當予以獎勵，並考慮在職位再出現空缺時優先考慮他的推薦；如果某個員工的推薦總不理想，則

自然不應再考慮他的推薦意見。

員工推薦制度也存在許多缺點。因爲員工一般都是推薦自己的親戚朋友，所以一旦被組織拒絕，則有可能會對組織產生不滿；而一個人引薦的人過多，特別是管理類的企業員工過多，則容易形成幫派或小團體，影響組織的健康發展。所以在員工推薦的「度」上一定要把握好，而且對於一個人推薦的員工盡量不要將他們安排在相同或聯繫密切的部門中。

與獵人頭公司合作

「獵頭」一詞源於英文的「HeadHunting」，這是美國「第二次世界大戰」以後出現的新詞彙。當時美國政府在占有戰敗國科技資料的同時，還不遺餘力地網羅科技人才。其行動方式是先找到目標，然後再使用各種手段將其「捕獲」，頗似叢林狩獵，由此就有了獵頭的說法。時至今日，在國外獵頭已成爲一個成熟的行業，歷史上第一次營利的奧運會——洛杉磯奧運會的組織承辦人尤伯羅思就是由獵頭機構推薦的。

顧名思義，獵人頭公司就是主要爲企業搜尋高階人才的機構。企業員工的稀缺性和重要性決定了他們的招聘與一般員工有著極大的不同。「一般人才去招聘會、去做廣告，高階人才要用獵人頭公司才放心」已經成爲許多人力資源部門經理人的共識。

1. 獵人頭公司的運作程序

客戶提出要求。一般來說，客戶的要求是指出企業空缺的職位及擬招聘人員的責任和待遇，要求獵人頭公司推薦。當然，也有客戶在提出相應職務要求的同時，直接指出希望何處何人擔任該職務。

分析獵物。雖然企業在委託獵人頭公司時都會對職位做出較爲具體詳盡的描述，但是這種描述並不意味著獵人頭公司就可以按圖索驥很快獲得所需的人才。畢竟企業的需求描述和現實不可能完全吻合，所以在其中獵人頭公司對企業需求的分析就顯得尤爲重要。世界知名獵人頭公司荷頓國際公司的董事經理人MonnaChai說：「必須要弄清這個職位所處的行業，在公司結構圖中處於什麼樣的位置，向誰彙報，接受其彙報的人是什麼樣的性格、什麼樣的背景。」只有真正把握住了企業的需求，才能找準獵物。

初步尋找。在尋找獵物的初期，除了自家的人才庫外，獵人頭公司一般都需要利用一切可以利用的管道和關係進行搜尋和篩選。因爲自己的人才庫再完善也很難囊括所有優秀的人才，而初選中應用的管道和手段的多寡通常是獵人頭公司實力的表現。在這個程序中，獵人頭公司應當縮小候選範圍至十人左右。

定格考核。在這個程序中，獵人頭公司的工作人員將對上一階段剩餘的人選分別進行面談。在面談後，將針對候選人的性格、能力、發展潛力以及缺陷做出正確而又深刻的判斷，並對此提交報告。在這個過程中，獵人頭公司通常會向候選人以前工作部門的上司、同事瞭解有關情況。更進一步的是對人才的「性向測試」，考察人才的性格與用人公司的文化是否適應，這是獵人頭公司爲供需雙方進行人力資源嫁接的重要一筆，許多「空降兵」失敗的原因就在於在這個環節出現了問題。

最後取捨。獵人頭公司通常在四至六周內會開出一個初選名單。但在做最後取捨之前，還要充分考慮到候選人的僱主高薪留人的可能性。所以，如果獵人頭公司沒有準備足夠靈活的充滿彈性的備選方案的話，獵頭工作很有可能流產。所以，獵人頭公司從一開始瞄準就要包含價位分析和多層篩選的工作，客戶的最後取捨應當只在兩三人之間，因爲範圍太大顯然不符合找獵人頭公司的初衷。當然，在這個過程中，獵人頭公司應當提供參考的意見。

2. 選擇獵人頭公司應注意的問題

獵人頭公司在招聘企業員工中的作用有目共睹，但是由於獵人頭公司作爲一個營利性企業，在接受了你的委託後，即使沒有找到非常適合的人選，也通常會退而求其次，推薦一個不是很合適的候選人，然後說服你。在目前我國獵人頭公司發展時間不長，尚不成熟的條件下，這個問題更加突出。

確信你找的這家機構有足夠的實力。這個問題源自於獵頭行業內的一個規定：一家獵人頭公司在替前一個客戶完成招聘工作的兩年內，不得再替新的客戶去挖自己給前一個客戶招聘的人。這個規定保證了獵頭市場的秩序，但是對於獵人頭公司和新客戶而言，則意味著他們所面臨的必然是一個搜尋範圍不斷縮小的市場。因爲那些最具潛力的人才可能已經在爲它的上一個客戶服務了，而這些人至少在兩年內是不能打主意的。在這種情況下，獵人頭公司的實力就顯得非常重要了。

與獵人頭公司中直接負責你業務的人進行接觸。獵人頭公司在開發一位新客戶的時候，可能會派出自己最出色的員工來推銷自己，他們一般都擁有許多成功的記錄，在他們的遊說下你可能很快就會把業務交給他們。但是，這些人員不可能負責全公司的所有業務，直接負責你公司業務的人很有可能不是他們。而從進行需求分析，初步搜尋到定格考核，最終取捨，負責你業務的人都是那些直接負責人，而不是一開始的遊說者。所以，你必須與業務的直接負責人接觸，並判斷其是否有能力爲你獵到第一流的人才。

對整個招聘過程進行監督。應該要求負責招聘的獵頭隨時向你報告進度，以及候選人的有關狀況，以便及時進行調整和決策。因爲你可能對初選名單中所有人的條件都不滿意，這樣也就不用進入下面的程序了。同時，還可以防止浪費了大量的人力、物力、時間後倉促選擇現象的出現。

關於獵人頭公司的收費情況。獵人頭公司的收費有一定的標準，一般是介於需要被塡補職位的固定年收入的二十五％至三十五％之間。通常是開始時支付三分之一作爲訂金；接近完成整個招聘過程最後期限前的三十天左右支付另外三分之一聘金；最後三分之一聘金在完成招聘工作的六十天內支付。在出現意外的情況下，所支付的費用可能還不止這些。有時候實際支付的費用可能會比收費標準增加一〇％至二〇％，甚至更多。當然，對於企業員工的招聘來說，這是物超所值的。

網路招聘

二〇一二年，一家網站曾以「您是怎樣找到現在這份工作的」爲題，進行了爲期兩個月的調查，結果顯示：人才招聘會三十六％，親戚朋友介紹二十四％，網際網路二十三％，報紙雜誌招聘廣告十三％，人才仲介機構、獵人頭公司四％。從這項調查中可以看出，網際網路已向傳統的招聘方式提出了挑戰，在員工招聘方面已經占到了越來越重要的位置。特別是在對技術類企業員工的招聘中的作用更是巨大。一些ＩＴ巨頭如ＩＢＭ等就已經打出了只在網上招聘的策略。網際網路已經成爲了企業招賢納才的重要手段。

而從世界網際網路發展的歷史來看，職業網的發展是其中速度最快的。它已經取代了網上售書、網上知識入門和網上拍賣的地位。二〇一〇年底，世界五百大企業中七十九%的公司已經實現了「電子招聘」即利用公司網站招聘員工，而在二〇〇九年這個比例是六〇%，二〇〇八年僅爲二十九%。

企業透過網絡招聘人才，一般有兩種方式：一是透過商業性的職業招聘網站；二是在自己公司的網頁上發佈招聘訊息。應當說，兩者比較而言，一般的大企業傾向於後者，而商業性的職業招聘網站則更受到中小企業的青睞。但從目前的發展狀況和趨勢來看，商業性的職業招聘網站發展得更爲成熟和有效。

篩選的方式

面試篩選

部門最經常使用的選拔工具是面試。主要是根據測試結果以及申請表格等資料加以歸納和整理，並且根據面試中所得的印象，去判斷申請人是否符合企業工作的要求。面試對於企業十分重要，主要是因爲：

第一，面試時，主考官直接面對申請人，可以對申請人做出判斷並可以隨時解決各種疑問，而申請表和測試無法做到這一點。

第二，面試可以使主考官有機會判斷和評估申請人的情緒控制能力以及是否熱忱等性格特質。

爲了使面試順利進行，主考官必須掌握如下所示的一些技巧。

1. 發問的技巧。爲了形成一個良好的面試氣氛，同時有針對性地對於申請人的某一方面狀況或素質有所瞭解，主考管必須掌握一定的發問技巧，恰當地發問。

2. 聽的技巧。這是主考官必須掌握的技巧，以便能夠在申請人談話時，獲得所需訊息。

3. 學會觀察。對於申請人，主考官應留心觀察，以便掌握一些有關申請人的訊息。因爲一個人的體態在無意間暴露他的心態。例如不敢抬頭仰視對方的人，很可能懷有自卑感，不斷地晃腿或抖腳表明此人焦慮等。

電話篩選

電話已經被業主和人事部門使用來進行最初的篩選工作。電話可以使你迅速獲得更加充足的訊息，並能瞭解申請人員的溝通能力和語言表達能力。無論如何，你必須謹慎運用這種方式。因爲如果電話篩選不成功，申請者可能會認爲招聘者未免過於草率，僅憑一次電話篩選不能得到足夠的機會來展示學歷資料及才能。你應該清楚這不是正式的會談，只是爲決定哪一位候選人更具有競爭力的初步篩選。

你應該爲申請者的電話做充足的準備，以便能夠高效運用這種工作方式。

你還應該準備一系列問題，以便你能在電話的問答中獲得足夠的訊息。

例如，你要招聘一名銷售職員，你可以使用以下簡短用語。

你好，這裡是XYZ單位。我們正在尋求一位銷售職員，如果你有時間交談的話，我將問你一些問題。

你現在從事什麼工作？你有經驗嗎？你一分鐘能夠打多少字？你所期望的薪資是多少？你可以用來工作的天數和小時數是多少？

上面是全部的問題。謝謝你對我們公司的青睞。請問你的電話號碼和郵政地址是什麼，我們將很快通知你有關申請此職位的情況。

一旦你發現申請者的條件符合你工作的要求和候選人的條件，你就可以邀請他來填寫一份申請書了。

簡歷篩選

個人簡歷和自薦信是找工作的第一份資料。因此，求職者最願意在個人簡歷和自薦信上下工夫。即便如此，還唯恐自己準備的資料拿不出手，求行家裡手來加工潤色。現在有人專門設計個人簡歷和自薦信樣本，求職者只要改動幾個字就可以了。於是乎，招聘人收到的個人簡歷和自薦信幾乎千篇一律，有的甚至連樣本上的地址、電話號碼也不改。招聘人頭痛之餘，不得不來一番去僞存真。

如果你要求申請人將簡歷轉到企業，那麼你就需要透過篩選這些簡歷來挑選候選人。通常，簡歷方式僅應用於管理和需要技能的工作。但如果你要求對任何工作都應該有一個歷史情況的說明，你可以擬定一些標準來評價你的候選人。

在評價一份簡歷時，沒有唯一的標準。因爲這些簡歷存在許多不同點。你可能接到一些傳統的簡歷，它們包括錄用日期、職位、單位名稱和地點以及對每一種工作的描述；你也可能接到一些職能類型的簡歷，上面將候選人所具備經驗中的特殊部分進行了分類。這些經驗一般按業務功能進行分類，如行銷、銷售或管理，並將所有申請人的能力置於一個主題之下。它提供了從一個方面迅速瞭解申請人能力的方式。

你可以根據簡歷風格的傳統或創新，來挑選你所需要的傳統人才或創新型人才。所以不能單純地依附於簡歷篩選，因爲簡歷作爲一種推銷自己的方式，多少帶有點灌水成份。

一旦你已篩選掉那些不能透過外表測試的簡歷而對剩下的簡歷持一種懷疑態度時，你可以應用下一節介紹的方法。這些方法是用來評價申請書的，但是同樣的標準也可以適用於每一份簡歷。

申請表篩選

申請表是最爲傳統而實用的篩選方法。申請表是獲得個人訊息的最主要方法。不同的單位在招聘中使用的申請表的項目是不同的。但在通常情況下，在申請表中，單位總是希望獲得申請者自己提供過去的許多訊息，包括教育背景、就業經歷、工作偏好等個人資料。

對於大多數企業，申請表實際上是最初的篩選工具。爲了更充分地利用申請表，企業往往會在申請表上盡量多地增加塡寫欄目。値得注意的是，任何一個在申請表中出現的欄目都應該是與職位相關的。

一旦申請者完成了他們申請表的塡寫，篩選工作就可以開始了。許多時候，在對申請表進行篩選後，對應徵者的篩選也就能夠做出相應決定。當然，申請表只是最初級的篩選，而且這種決策常常是主觀的。招聘者應設計那些能反映客觀情況的申請表，如傳記式申請表。

當應徵者塡好一份申請書時，篩選過程便進入另外一個階段。工作申請書要求申請人列出準確的工作經歷、職務、職責、薪資、離職原因和其他主要訊息。在完整的工作申請書放在你面前之後，你就要開始對它們進行分類，以確定該面試哪些應徵者。

做出正確的錄用決定

在錄用過程中，應注意在合格人選條件差不多的情況下，優先錄取那些工作經驗豐富而工作績效較好的人選。招聘錄用人才應遵循重視工作能力的原則，如果合適人選的工作能力相同，則要優先錄取那些工作動機較強的候選人。

做出錄用決定時要集中精力，全力解決你所瞭解的事情，忽略那些你所不瞭解的事情。

在做最後的聘用決定時要記住四點。

1. 使用全面衡量的方法

我們要錄用的人才必然是符合公司所需要的全面人才，對於我們所需要的各種才能分別賦予不同的分值權重，然後用加權法求出各個應徵者的得分總值。錄用那些得分最高的應徵者。

2. 盡量減少做出聘用決定的人

在選擇聘用決定者時也要堅持少而精的原則，只用那些確定需要的人。爲什麼要把所有的人都叫來決定呢?那樣做只會給錄用決策增添困難，因爲每一個人都有自己的錄用偏好，都希望自己的建議得到採用，並爲此而爭論不休，浪費了大量的時間和精力，浪費了大量的金錢，而且，由於你們將討論的是應徵者的長處和短處，這些資料外露不利於應徵者在企業中生存。

一般而言，作決定時只請那些直接負責考察應徵者工作表現的人，以及那些會與應徵者共事的人，如某個部門的主管。

3. 不要拖拖拉拉

如今，優秀的人才在市場上成爲搶手貨。誰都不希望看到這樣的結果：花了許多時間做出決定，結果卻發現你最終想錄用的應徵者已經接受了別的工作，或他不再對你的那份工作感興趣了。在錄用決策時該出手就出手，切不可拖拖拉拉，以免延誤時機。

不能推遲錄用時間（以此希望應徵者開出的籌碼再降低些）。否則的話，如果你與他人爲爭得這個優秀員工不得不競相給出高價，或不得不重做招聘工作，那麼費用肯定會上升。

應該旗幟鮮明地展開工作，並要學會取捨，既要有勇有謀，也不能謀而不斷。要盡快做出決定，然後付諸行動。

4.不能吹毛求疵

有些招聘者錄用人才時喜歡吹毛求疵，希望人十全十美，遇到一點小毛病便挑剔，永遠都不滿意。我們必須知道，世上永遠沒有最優，只有最令人滿意。我們必須分辨出哪些能力對於完成這項工作是不可缺少的，哪些是可有可無的，哪些是毫無關係的，抓住問題的主要方面，才能錄用到合適的人才。

通知應徵者的方法

通知應徵者是錄用工作的一個重要部分。通知分為錄用通知書和辭退通知書，前者容易寫，後者則比較難，需要有一定的語言技巧才能恰如其分地表達你的意圖。

在通知被錄用者方面，最重要的原則是及時。有許多機會都是由於在決定錄用後沒有及時通知應徵者而失去了。因此錄用決策一旦做出，就應該馬上通知被錄用者。

在錄用通知書中，應該講清楚報到的時間、地點、方式，並說明如何抵達報到的詳細地點。此外，表示對新員工的歡迎也十分重要。

在通知中，讓被錄用的人知道他們的到來對於公司的經營業績的提高有很重要的意義。這將有力地吸引被錄用者。對於所有被錄用的人，應該用相同的方法通知他們被錄用了。不要有的人用電話通知，有的人用信件通知。

同樣，應該用同樣的方式通知所有你未錄用的應徵者。當然，通知內容的寫法是需要一定技巧的，應該本著坦率、誠懇、善意的原則。

錄用決策做出後，便進入新員工就位的階段。

與新員工簽訂協議

在聘到新人之後，就要與之簽訂有關的用人協議。協議中最重要的內容是關於員工的待遇問題，在確定員工待遇問題時，下面的策略有助於雙方達成一個「雙贏」的協議。

首先，要明確你想僱人做的職務所表現出的市場價值是多少。不要認爲你現在出的薪資或你付給上一位做這一工作的人的薪資準確地反映了市場價值。你有許多科學的管道來瞭解有關資料。

你會瞭解到你出的薪資高於或低於正常的市場價值。如果你出的薪資高於市場價值，與應徵者在待遇方面達成共識就很容易。如果你出的價錢比市場價值低，那麼你可以用如下方法來解決難題：要麼提高待遇；要麼降低用人標準，另聘新人；要麼說服員工接受此待遇。

其次，一旦知道了符合你能力要求的員工目前的市場價值，那麼你需要知道自己的浮動範圍有多大，極限是多少。在與應徵者協商待遇問題時，一定要心中有數，有自己的最高限和最低限。

要瞭解應徵者對自己人力資本價值的判斷

應徵者可能會覺得由於自己的特長和能力，他應享受的待遇高於市場平均值，這也是合情合理的。接下來，你需要決定是否願意爲他的特長和能力付出更多的薪資。如果你覺得不值，不用理他，繼續其他的工作。

另一方面，應徵者所希望的薪資也許要比你準備給的少。在這種情況下，你會心中竊喜地出個低價，爲這筆合算的「買賣」而高興。但請注意，你的新員工遲早會發現你出的薪資太低了，那樣則會對誰都不利。你最好如實相告，適當提高待遇水準。

當然你很可能會與應徵者相持不下，你需要觀察誰占優勢。換句話說，誰占上風。一旦搞清楚了這一點，你就會知道到底誰需要誰。很顯然，占上風的將堅持自己的條件，而占下風的無疑要做出必要的讓步。

你可以抓雙方談判中的重點問題進行研究，對重點問題要集中力量解決，例如月薪、員工福利保險等。

在雙方長時間的談判之後，你就應該對你能提供的待遇做出判斷。要注意誠懇待人，不要許諾你根本不可能做到的事，更不要過分吹噓。

切記，不要無休止地等待。如果你向應徵者提出待遇條件後，兩三天之後沒有得到答覆，那就主動跟他們聯繫。問問他們是否有什麼問題需要解決。但是要小心，如果應徵者在跟你「耍手段」（如反覆權衡各個企業所提出的待遇條件，從而選擇最佳的），你最好不要陪他們玩。你應該警惕：「這樣的人是我想要的嗎？」

在經歷了談判之後，你將與新員工簽訂具有法律效力的協議，雙方都要嚴格遵守。

歡迎新員工

歡迎新員工的注意事項

新員工到職是企業的大事、喜事，要注意如下工作：

1. 做好充分的準備工作

做好日程安排，從新員工的立場設身處地考慮一下新員工從事這一工作需要瞭解什麼。準備好所有必需的資料和訊息，讓新員工能夠得到他需要瞭解的情況。

2. 歡迎新員工的儀式

一般情況下應舉行一個儀式，熱情地歡迎新員工。指定某個人做「嚮導」——這個人有充裕的時間可以給新員工所需的各種指導和照顧。安排一個地方可以和新員工一起坐一坐，彼此熟悉一下。對於他們加入你們的行列表示歡迎。

3. 注意重要的政策和程序

這些事情無論對於企業或是對於新員工都非常重要。你還要與新員工商定工作時間、新員工什麼時候開始領薪資以及薪資的發放形式等問題。你還需要讓新員工瞭解企業的相關福利政策。

4. 向新員工講述單位的歷史情況、現狀、前景和任務

要給新員工以必要的有關企業的訊息資料，同時要向他們解釋每一條是什麼意思，以及如何影響單位工作和運轉。最重要的一點是向新員工講述他的工作與企業前景有何聯繫，以及如何爲企業做出貢獻，激發新員工的工作熱情。

5. 表明你對員工的期望

向新員工講清該做的工作以及你對他的期望。要替新員工設身處地考慮問題，給他們以鼓勵和支持。

6. 預先介紹實際工作

要給新員工提供一次預先瞭解實際工作情況的機會。如果你在雇用過程中就已經對工作做過詳細真實的介紹，那就不會有什麼特殊事件發生了，現在新員工可以實際感受這份工作了。要坦率誠懇地指出該工作的積極方面以及潛在的消極方面，讓員工有足夠的思想準備。

7. 熟悉工作場所

要帶著新員工四處看看，把他介紹給同事，帶他看一看他將來工作的場所，告訴他有問題到哪裡去求助。利用這個機會向新員工介紹同事，讓他們之間相互熟悉並建立最初的同事之誼。

8. 指定一位良師益友

記住，指導新員工是需要較長時間的，你不可能時時刻刻都在那兒，因此須指定一個人在最初的三十天裡或一年之內對新員工進行指導。指導不僅僅是幫助新員工就位或建立良好的同事關係，還應對新員工進行必要的工作指導和培訓。許多企業流行「老人帶新人」的工作方法，取得了非常好的效果，尤其是在市場行銷、公共關係部門，這種「老人帶新人」的做法就更有必要了。

不要冷落了新員工

最初的就位工作完成之後，不要就此停止，要繼續做好維繫新員工的工作。因爲有的員工會因爲得不到培訓或缺乏工作動力而離職。當他們缺乏成就感時，就會到其他地方尋找機會。下面的幾點建議有助於使員工樹立責任感。

第一點：保持員工的積極性。讓員工們認識自己對於部門的重要性。說一句讚揚或鼓勵的話只需幾秒鐘，但卻能大大鼓勵員工的工作積極性。

第二點：爲員工提供工作培訓。應該使員工具備取得成功所需要的新知識和手段。成功的因素會隨著時間的變化而變化，因此要使員工瞭解本行業最新的訊息。這需要制訂長久的培訓計劃並實施。

第三點：與員工展開雙向交流，加強溝通。主管與員工需要就工作表現、貢獻、事業發展和未來的薪酬等問題進行雙向交流。這有助於員工更清楚自己的努力方向。

第四點：多向新員工學習。可以增強員工的成就感，讓員工感到有前進的動力。

選用人才應持有的正確觀念

在主管選用人才過程中，應當清楚地認識到能力、人格等方面的因素。這在某些時候比專業知識和學歷更爲重要，因此要想招聘到理想的人才還需要靈活把握選人的標準。

以適用為原則

早在二十世紀五〇年代，松下幸之助就認識到，公司應招聘適用的人才，程度過高，不見得就合用。各公司的情況有所不同，「適用」這兩個字是很重要的。

二十世紀六〇年代，盛田昭夫的《讓學歷見鬼去吧》可謂一鳴驚人。因爲，當時的日本還沉浸在一種過於重視文憑的氛圍中，盛田昭夫的這一創新使得索尼人才濟濟。

索尼公司不僅擁有眾多的科技人才，同時，還特別重視選拔和配備具有高度創新精神的經理人班底。在選拔高階管理人員這個問題上，索尼從不錄用那些僅僅能勝任某一個具體職位的人，而是樂於起用那些擁有多種不同經歷、喜歡標新立異的實幹家。索尼公司也從不把人固定在一個工作上，而是讓他們不斷地合理流動，爲他們能夠最大限度地發揮個人的聰明才智提供機會。在這樣的環境中，索尼公司的員工特別樂於承擔那些具有挑戰性的工作，人人積極進取，人人奮勇爭先，整個企業始終充滿了生機和活力。幾十年來的輝煌歷程清晰地表明，索尼之所以取得巨大成功，正是源於索尼的用人原則。

能力比知識更重要

汽車大王亨利．福特曾經說過這麼一句話：「越好的技術人員，越不敢活用知識。」福特是在企業經營上屢次發明增產方法的人。他爲了增產的事和他的技術人員研商時，他的技師往往會說：「董事長，那太難了，沒有辦法的，從理論上而言，也是行不通的。」

技術越好的人，越有這種消極的個性。經常令福特大傷腦筋。

在面對一個工作時，一個人如果對有關知識瞭解不深，他會說：「做做看。」於是著手埋頭苦幹，拚命地下工夫，結果往往能完成相當困難的工作。但是有知識的人，常會一開頭就說：「這是困難的，看起來無法做。」這實在是畫地自限且不能自拔的現象。

今天的年輕人，很多受過高等教育，所以有相當的學問和知識。由於現代社會的變遷，分工很細，新知識、新技術層出不窮，年輕人在學校中所學的知識、技能遠遠滿足不了實際工作的需要，這就要求在平時的實踐中不斷累積經驗和新知識，掌握新技能。尤其是剛從學校畢業的年輕人，最容易被知識所限制，所以要十分留心這一點，盡可能將所學知識充分發揮出來。

在實際工作中常常可以發現，一些工程技術人員雖然學歷不高，卻往往具有較深的專業知識和較強的實際工作能力，相反，一些高學歷人員，雖然各方面都表現不錯，卻沒有突出的特點，與他們談話留下的印象不深。一個人實際工作能力的高低，並不能單從學歷或應徵時獲得的筆試、面試成績，就可以看得出來的。具有了實際工作經驗，也不見得能力就強，創造性就高。

二十世紀九〇年代初，日本在人員招聘中提出要注重實際能力，特別是選拔事業開發型人才時主要看他的綜合基礎能力，就像挑選運動員種子一樣，關鍵看他是不是一塊好材料，有沒有發展潛力。所以，高學歷不等於高能力。在招聘過程中更應注重招聘那些高能力的人才。

不可忽視心理素質和工作態度

現代經濟社會的競爭是激烈與殘酷的，而這勢必給每一個企業每一個員工造成強大的壓力。企業是否能頂著壓力前行，是否能在競爭中脫穎而出，不僅看員工的技術水準和工作能力，還要看其是否具備良好的心理素質。在招聘新員工時，我們是否考慮過這些問

題：新招進來的員工是否具有創造才能和創造精神？是否能管理和訓練他人？他是否能在團隊中工作？他是否能隨機應變並善於學習？他是否具有工作熱情和緊迫感？他在重壓之下能否履行職責……在一些已開發國家或地區，如美國、日本、英國等越來越重視對員工心理素質的考察，並透過一系列心理素質測定來判定招聘對象心理素質的高低。他們認爲，這是一個可以減少冒險，促進做出完美決定的過程。其實，目的只有一個：就是要找到心理素質較好的人才。

一個真正意義上的人才應是德才兼備的。才，無可置疑，就是反映在工作能力和心理素質上；而德，一般來說就是從工作態度中表現出來。良好的工作態度，往往能爲本人帶來工作激情和動力，從而提高工作效率。當然我們不能將工作態度簡單地和工作績效聯繫在一起，還必須考慮到企業環境的各種具體條件的影響，這是企業在日常經營管理時所應該考慮和處理好的客觀因素，而在進行人員招聘時，應徵者所持有的工作態度，卻是我們不得不考慮的主要因素。由此爲本企業選拔到具有良好工作態度的人才，必將能使以後的經營管理工作事半功倍。

識別人才中的心理法則

只有長時間的觀察，才能真正瞭解下屬的心

用人先要學會觀察人。善於觀察你的下屬這是很有必要的，這能夠促使領導者洞悉下屬的心理、想法、欲求，能夠真正發現下屬潛在的特質，抓住這一點，就能夠比較好地用好下屬。因此，觀察下屬是領導者給下屬定位的方法之一，不可疏忽。

當你在管理工作上超過兩年或以上，如果仍未看清下屬的本領，你這領導者就算是不盡責了。

不要以爲身爲管理階層，就以爲下屬便要看你的臉色行事。事實上，許多人擁有優厚的潛能，只是性格上有些缺點。如果身爲上司的你能適當地安排，使他的缺點變成優點，就可以充分發揮他的潛能。

忽略下屬的性格，勉強他們做不適合的差事，結果受挫折的將是領導者。有些人以爲定下的原則，如鋼鐵般不容下屬破壞，更不容許他們以任何理由拒絕。這實屬呆板的做法，因爲原則是死的，人是活的。

許多老一輩的管理階層不易被下屬接受，多是因爲那些上司喜歡被下屬奉承，卻永不去瞭解下屬，以致出現一面倒的情況。

你的下屬每天均留意你的表現。你的笑容、嚴肅、皺眉，都顯示你當天的情緒。你必須進行雙軌溝通法，意思是你被下屬瞭解的同時，也要對下屬們進行長時間的觀察和瞭解。

要學會觀察人。有些人的自尊心特強，一部分是源於潛意識的自卑感。這種複雜的情緒構成反叛性格，面對上司時，依然擺出一副「不易屈服」的態度。如果上司與下屬各持本身性格，不願稍作遷就，結果造成雙方關係僵持。這對於身處高位的管理階層絕非好事，這只是顯示出管理方法失敗。

那麼該如何觀察下屬呢？請先看這樣一個故事。

大多數的同事都很興奮，因爲部門裡調來了一位新主管，據說是個能人，專門被派來整頓業務。可是，日子一天天過去，新主管卻毫無作爲，每天進辦公室後，便在裡面難得出門。那些緊張得要死的壞分子，現在反而更猖獗了，認爲他哪裡是個能人，根本就是個老好人，比以前的主管更容易唬。

四個月過去了，新主管卻發威了，壞分子一律被開除，能者則獲得提升。下手之快，斷事之準，與四個月前表現保守的他，簡直是換了一個人。年終聚餐時，新主管在酒後致辭：相信大家對我新上任後的表現和後來的大刀闊斧，一定感到不解。現在聽我說個故事，各位就明白了。

我有位朋友，買了棟帶著院子的房子，他一搬進去，就對院子全面整頓，雜草雜樹一律清除，改種自己新買的花卉。某日，原先的房主回訪，進門大吃一驚地問，那株名貴的牡丹哪裡去了？我這位朋友才發現，他居然把牡丹當草給割了。後來他又買了一棟房子，雖然院子更是雜亂，他卻是按兵不動，果然在冬天以爲是雜樹的植物，春天裡繁花似錦；春天以爲是野草的，夏天卻是錦簇；半年都沒有動靜的小樹，秋天居然紅了葉。直到暮秋，他才認清哪些是無用的植物而大力剷除，使所有珍貴的草木得以保存。

說到這兒，主管舉起杯來說，「讓我敬在座的每一位！如果這個辦公室是個花園，你們就是其間的珍木，珍木不可能一年到頭開花結果，只有經過長期的觀察才認得出啊。」

「路遙知馬力，日久見人心」，一個員工的價值高低絕不能憑我們領導者一時的觀察或是只看他表面的現象。要真正瞭解一個人，需要長時間的、持續的觀察。只有透過了細

緻徹底的觀察，才能正確評估出一個人的價值並給他合適的工作。

花匠總是勤於給花草施肥澆水，如果它們茁壯成長，就會有一個美麗的花園，如果它們不成材，則把它們剪掉。

不經意的小事往往是人的心理表現

水滴雖小，卻能折射出太陽的光輝。諺語說見一葉落而知秋之將至也，因爲從一葉飄落這一小的現象就可以知道大的事件——秋天快到了，識人也是如此。一個人的品性、志向和好惡都表現在平時生活中的小事中，只要仔細觀察就可發現許多有用的東西。

看過《世說新語》的人都知道管寧與華歆的故事，本來他們算是不錯的一對好朋友。後來管寧與華歆割席分坐，斷絕來往，不過是因兩件小事。一件是在兩人鋤地的時候，一塊金子光燦燦地從地裡露出來，管寧視如瓦石，揮鋤如故；華歆卻樂得心花怒放，拿著金子捨不得放下。另外一件事發生在他們讀書時，一位高官的車隊威風凜凜地從門外經過，管寧充耳不聞，華歆卻撂下書帶著幾分貪戀跑去看熱鬧了。待他看後回來，管寧已把蓆子一分爲二了。

察人於微，從小事上看出華歆的人生取向來，管寧的眼光確實了得，後人把管寧割席載之於書，說明是贊成其做法的。

無獨有偶，美國的一位管理學家曾受聘於一個大老闆，在幾次用餐時，他發現老闆盛飯不是多了吃不下，就是盛少了不夠吃。他想，一個連自己吃多少東西都把握不準的人，值得再爲他效力嗎？便辭了職。果不其然，那個老闆的公司後來因決策失誤真的倒閉了。

季辛吉在外交上的蓋世才華是舉世公認的。在他初入哈佛大學拜訪學界泰斗艾略特的時候，艾略特並不熱情，礙於情面，他只是給季辛吉開了一張書目，那上面列了二十五本必讀書的篇名，讓季辛吉通讀之後寫出一篇讀書報告，比較一下德國哲學家康德的兩本專著《純粹理性批判》和《實踐理性批判》。艾略特囑咐季辛吉在完成讀書報告前不要再來找他。三個月後，季辛吉把讀書報告交給了艾略特，當天下午艾略特把電話打到了學生宿舍，要季辛吉去見他。

作爲一名學者，艾略特的目光是很挑剔的。但讀過季辛吉的讀書報告，他得出的是這兩點：在季辛吉之前，從來沒有一名學生真正認真讀完這二十五本書；也沒有人寫出過條理這樣清楚的讀書報告。對一名導師來說，要瞭解一名學生，看過學生的一篇讀書報告就足夠了。

蟻孔雖小，卻能使黃河決堤、一潰千里。可見，小處雖小，但卻能見大。一個大的災害並不全是偶然而降的，它多是因爲平時的毛病未被人知曉而一點一滴的累積而來；而成功也並不是一日之功，同樣是平時注意自己言行從而得到的。故要找失敗的原因，應多看看自己平時的所爲；要成功，就應時時注意，從生活中的點點滴滴做起。那麼，要識人以促成自己事業的成功，就應從小處識人，從人的小的言行之中看到他大的方面。

國外一位著名銀行家的經歷應該對我們識才有所認識。他早年工作極不順利，好幾次都沒有應徵成功，當他帶著一顆受傷的心走進一家銀行，不幸的是，他又被拒絕。默默地，他走向了大廳的出口，不經意間，他發現地上有一枚閃亮的圖釘，就蹲下身去把他拾了起來。這時銀行的董事長恰巧從這兒經過，看到了這細小而又平常的一幕，但董事長卻別具慧眼，認爲這種人正是銀行所需的，任用他的話一定會把銀行的事辦好。第二天，他就接到了銀行的聘任書。此後，他努力工作，並把銀行管理得井井有條，董事長去世後由他接任，最後成爲世界著名的銀行大王。這位銀行大王的產生得益於那位董事長慧眼識人。如果董事長稍微粗心一點，或者是雖然看到這感人的一幕卻沒有思考一番，那麼這粒閃亮的「金子」還會繼續埋在沙堆裡。

用人是管理成功的關鍵，而用人之前提是要識人。領導者能以小識人，可見其與眾不同。

言語、舉止是心理的根本反映

一個人的才能志嚮往往在不加留心的細節之中，這細節不時地反映在一個人言行舉止當中。

男人們愛說女人的美麗動人之處常在不經意的一瞥之中，這話不無道理。如果借用到識人上，就可以說一個人的才能志嚮往往在不加留心的細節之中，這細節不時地反映在一個人的言行舉止當中。知人言行而後識人是領導者識人的一個重要手段。

清朝的曾國藩具有異乎尋常的識人術，尤擅長於透過人的身體語言來判斷對方的品格、性格、情緒、經歷，並對其前途做出準確的預言。

某天，有新來的三位幕僚來拜見曾國藩，見面寒暄之後退出大帳。

有人問曾國藩對此三人的看法。

曾國藩說：「第一人，態度溫順，目光低垂，拘謹有餘，小心翼翼，乃一小心謹慎之人，是適於做文書工作的。第二人，能言善辯，目光靈動，但說話時左顧右盼，神色不端，乃屬機巧狡詐之輩，不可重用。唯有這第三人，氣宇軒昂，聲若洪鐘，目光凜然，有不可侵犯之氣，乃一忠直勇毅的君子，有大將的風度，其將來的成就不可限量，只是性格過於剛直，有偏激暴躁的傾向，如不注意，可能會在戰場上遭到不測的命運。」

這第三者便是日後立下赫赫戰功的大將羅澤南，後來他果然在一次戰鬥中中彈而亡。

曾國藩任兩江總督時，有人向幕府推薦了陳蘭彬、劉錫鴻兩人。他們都頗富文采，下筆千言，善談天下事，並負盛名。接見後，曾國藩對陳，劉二人作了評價：「劉生滿腔不平之氣，恐不保令終。陳生沉實一點，官可至三、四名，但不會有大作爲。」

不久，劉錫鴻作爲副使，隨郭嵩燾出使西洋，兩人意見不和，常常鬧出笑話。劉寫信給清政府，說郭嵩燾帶妾出國，與外國人往來密切，「辱國實甚」。郭嵩燾也寫信說劉錫鴻偷了外國人的手錶。當時主政的是李鴻章，傾向於郭嵩燾，將劉撤回，以後不再設副使。劉對此十分怨恨，上疏列舉李鴻章有十大可殺之罪。當時清政府倚重李鴻章辦外交，上疏留中不發。劉錫鴻氣憤難平，常常出語不遜，同鄉皆敬而遠之。劉錫鴻設席請客，無一人赴宴，不久他憂鬱而卒。

陳蘭彬於同治八年（一八六九年）經許振煒推薦，進入曾國藩幕府，並出使各國。其爲人不肯隨俗浮沉，志端而氣不勇，終無大建樹。

因此，在企業用人中，高明的領導者要懂得從下屬的言行舉止間識別一個人的才幹和品行。

工作表現是心理狀態的直接表現

作爲上司，也許你眼中的下屬仍舊都和往日一樣神采奕奕，笑容滿面，工作起來也格外地投入。但你要意識到這可能是一種虛假狀態，也許其中有人正在努力保持自己的笑容，但他們並不是以最佳狀態進行工作。如果你能經過仔細觀察，對處於生命狀態低谷的下屬給予理解和愛護，那麼對方今後會以十二分努力來回報。

許多國家的生命科學家都對人的機理狀態進行研究，認爲人的精神狀態週期大多是一個月。這就是說如果你覺得今天的情緒非常糟，即使沒有紛繁複雜的工作來打擾。你要仔細對待一個月的這幾天。

有效的管理的關鍵是應該根據下屬不同的狀態，被稱爲員工準備度，及時地確定或改變自己的管理風格，來適應下屬的狀態。

下屬的狀態取決於其在某一特定工作或活動上的知識、技能與經驗，能否支持其做好某項工作，表現爲下屬對自己的直接行爲負責任的能力與意願，它包括能力準備度和意願準備度。

1.不能／不願意或不能／無把握

如果下屬在工作時表現爲毫無相關知識與技能，而且沒有興趣學習。在現實中，他們原本是很稱職的員工，但因爲變化，使得他們與組織格格不入，變得消極，或缺乏信心。領導者在這一階段應採取「指令式的管理風格」，透過命令和嚴格的監督來引導並指示下屬。

2.不能／但願意或不能／有信心

如果下屬的技能仍不能達到要求，但因爲已經有了第一階段的工作經歷，具備了一定的自信，有信心和渴望學習，或者想學並相信自己有能力學好。

領導者在這一階段應採取「教練式的管理風格」，指導、支持和激勵下屬盡快地提高技能與知識。

3.有能力／不願意或有能力／無把握

在領導者的指導幫助下，下屬的技能與知識已足以完成工作，但如果他們面臨更具挑戰性的工作，有可能在自信上再次出現問題，不願意或者因爲某種原因而缺乏內在驅動力。

領導者在這一階段應採取「團隊式的管理風格」，來激勵下屬並幫助員工解決問題。

4.有能力／願意或有能力／有信心

下屬在領導者的激勵、指導和開發下，一步步走向成熟，在能力和意願方面都能夠適應工作。

領導者在這一階段應採取「授權式的管理風格」，將工作交給下屬，領導者只需做監控和考察的工作。

在不同的階段，下屬的狀態是不同的，即使是在相同的階段，下屬因不同的工作，其狀態也使不同的。一個成功的領導者，當你面對下屬時，你要瞭解他們，管理他們，與他們一起成功。一個成功的領導者，要學會轉身，準確地把握下屬的狀態，及時地確定與改變自己的管理風格。

用人與信任

你也有權接受另一個人的信任，除非你已被證實不值得那個人信任。你有義務去信任另一個人，除非你能證實那個人不值得你信任；

——（美）大衛・威斯格特

任用人才的一般原則

做分配工作的內行

上司如果能幹，定能將員工之工作分配得極爲妥當，引發員工的工作意念，否則員工會有反抗的心理。

所謂善於分配工作的好上司如下列所述：

第一，經常檢討個人負責的工作內容，適當地估計工作的質與量，以求分配平均。

第二，考慮到某份工作量所需完成的時間。

第三，若派予其他員工，會先由員工本身工作進行的狀況而定。

工作分配如果不妥當，就易造成不滿的情緒。分配工作雖是小事，卻與從業人員的士氣大有關係，千萬不可忽略。

才能與職位要相稱

管子曰：「君之所審者三，一曰德不當其位，二曰功不當其祿，三曰能不當其官，此三本者，治亂之原也。」可見，能當其位是任人的重要原則，是判斷領導者任人是否正確的首要標準。

在任人時，領導者對人才一定要量體裁衣，既不能讓統御千軍的將帥之才去做伙頭軍，也不能讓縣衙之才去當宰相；既不能讓溫文爾雅坐談天下大事的文官去戰場上馳騁，也不能讓叱吒風雲金戈鐵馬的武將成天待在官廷內議事。而應該辨清各自的特長，派其到相符的地方或授予其相應的職位。

不當其位，大材小用或者小材大用都是任人失敗之處。不當其位，就無法發揮人才的長處，空得滿腹經綸卻無處施展；大材小用造成人才的浪費，必挫傷人才的積極性，使其遠走高飛；小材大用只會把原來的局面越弄越糟，成爲專業發展路上的絆腳石。

「用人必考其終，授任必求其當」，古人已經給現代管理們做出了榜樣。

狄仁傑就是一位善於任人的官吏。有一天，武則天問狄仁傑：「朕欲得一賢士，你看誰能行呢？」狄仁傑說：「不知陛下欲要什麼樣的人才？」武則天說：「朕欲用將相之才。」狄說：「文學之士，有蘇味道、李嶠，都可以選用；如果要選用卓異奇才，荊州長史張柬之是大才，可以任用。」武則天於是擢升張柬之爲洛州司馬。過了幾天，武則天又問賢，狄說；「臣已推薦張柬之，怎麼沒任用？」武則天說：「朕已提拔他做洛州司馬。」狄仁傑說：「臣向陛下推薦的是宰相之才，而非司馬之才！」武則天於是又把張柬之升遷爲侍郎，後來又任他爲宰相。事實證明，張柬之沒有辜負重任。可見狄仁傑多麼懂得任人應當其位的道理！

在考慮能當其位的過程中，管理不能僅僅以人才能力的高下來衡量，還得考慮人才的性格、品行。如果此人性格懦弱、不善言辭，則不宜讓他擔任公關和推銷方面的任務；如果他處事較隨意，且常出一些小錯，不拘小節，就不應任用他做財務方面的工作；如果品行不太端正，愛占小便宜，且比較自私，對這種人尤其要小心任用，最好不要委以重任或實權，使其處於眾人的監督之下，不至於危害大局，一旦發現其惡劣行爲，立即嚴懲不怠，絕不心慈手軟，以防「一顆老鼠屎攪壞一鍋湯」。所以，作爲管理，在任時一定要就人才的能力、性格和品行等方面綜合考慮，再授予其一個適當的位置。

此外，領導者還需考慮一個重要因素，即年齡。一些工作可能有兩人可以勝任，一個年輕，一個年長。對此，領導者就應該考慮年輕人和中老年人在性格上的差異：年輕人熱情奔放，充滿活力，且敢拚敢闖，創造力強；中老年人沉穩、冷靜、忍耐力強且經驗豐富、老到。年輕人缺乏的是經驗，中年人缺乏的是闖勁。瞭解到這些，管理就可以根據該項工作的特徵確定合適的人選。

同時，還不能忽視年齡層次問題，部門、事業單位的年齡層次可以適當偏大一些，薑畢竟還是老的辣。而企業的年齡層次宜年輕化。對企業管理，如果發現有幾人都能勝任某一項工作時，可盡量任用年輕人，因爲年輕人精力充沛、後勁十足，工作年限還很長，而年紀較大的人可能即將離任。這樣就避免公司出現人才斷層，有利於公司持續快速發展。

正確處理統與分的關係

管理用人，其目的就是讓人才爲我所用，食我之祿，爲我分憂。因此在具體實踐中，領導者應注意統一管理與分工授權的關係。

統一管理經常表現爲一種集權，使領導者陷入事無鉅細、事必躬親的錯誤方式。但統一管理又是不可或缺的，只有實現統一的管理，才能有統一的意志、目標、方向、步調，才能朝統一的目標邁進。爲了解決統一管理中這一暗含的矛盾，就必須實現分工授權。

分工授權又可稱爲分層管理、分級管理。是指按照一定的規化和程序，將管理縱向分爲若干層次，分級排列，下級向其上級逐級負責，其管轄範圍隨級別下降而縮小，形成上下對應的管理與被管理的從屬關係，一級抓一級，一級管一級，使組織成爲朝著共同目標前進的統一整體。

能否實現有效的管理，其要素之一就要看他會不會實現層次分級管理。不進行統分結合的管理，是不可能取得成功的管理的。過細的管理，只能使其被一些瑣事包圍，一葉障目而不見泰山，成了小事清楚，大事糊塗。正確的管理方式應當是在統一管理的大方向下，實現有效的分工授權，做到小事糊塗，大事不糊塗。

三國時代蜀相諸葛亮，雖然是一代名相，但由於忽視層次管理，事必躬親，結果積勞成疾，英年早逝，給人留下「出師未捷身先死，長使英雄淚滿襟」之憾。根據史書記載，他在軍中事無鉅細，都要親自過問，甚至連糧草消耗這種小事都要親自操勞。顯然，他那種鞠躬盡瘁死而後已的精神是值得後人弘揚的，但他那事無鉅細、事必躬親、越俎代庖的工作方法並不足取。

現在有些領導人，頭腦中也缺乏這種分工授權的觀念，在工作中分工不授權，反而大包大攬，弄得部門裡形成了「主管忙得團團轉，下屬悠閒沒事做」的反常局面。主管怨無人，埋怨下屬沒有積極性，不能替自己排憂解難。豈不知，之所以造成這種局面，就是由於領導者不懂得分工授權而一手造成的。

管理幹部要做管理的事，要圍繞著提高管理幹部效能，集中精力做那些必須由領導人親自去做的重要工作。無論何時何地，都不能忘記自己的身份和職責，不能顛倒工作的主次，尤其注意不能全部包辦代替，不隨意越權代理下屬的工作。要保證使分工負責每項工作的人都有職、有權、有責，以防止分工負責的人難以行使職權，造成不應有的混亂。

堅持寧缺勿濫的原則

寧缺勿濫要求領導者在任人時選用精兵良將，不多用一人，也不閒置一人，使人事保持相對穩定，不閒則已，閒則必責。如果在當時沒有找到合適的人選，寧可讓職位空缺，也不濫竽充數。

1.「官不必備」

古人曰：「官不必備，唯其人。」用人之多少，應根據工作需要而定。在確保工作品質的情況下，再合理安排職位和人數，然後再根據一人一職的原則任用人員，既不可備位，也不可備人，更不能在找不到合格人選的情況下隨便以人頂替。否則，就會影響整體效率和品質。

古人對任人時寧缺勿濫的原則也早有認識，並採取過不少有利措施加以防範，制止這種情況的發生。唐太宗就提出「官在得人，不在員多」，李德裕曾強調「省事不如省官」。西魏蘇綽在其《六條詔書．擢賢良》中極力主張裁減官吏以避免人浮於事的弊端，他說：「官省，則善人易充，則事無不理；官煩，則必雜不善之人，雜不善之人，則政必有得失。」

北宋包拯堅持用「勤」，不用「冗」。他針對北宋冗員眾多的情況，向仁宗皇帝指出：「欲救其弊，當治其源，在乎減冗雜而節用度。」他主張「留神省察」，對於占著位子又無所事事的官員堅決予以清除。他在知諫院時，曾經上書彈劾做了七年宰相而又毫無建樹的宋庠，並且連續三次彈劾罷免了皇帝寵妃的伯父張堯佐的「三司使」的要職。可見，「官不必備，唯其人」古往今來就是用人任人的一條重要準則。這對今天的領導者們仍有重要的借鑑價值。

2. 任人以專

一個人能力再高，在短時期內都是難以做出重大成績的。人才聰明才智的發揮需要一定的時間，因此其能力和功績須在較長時間內才能表現出來。領導者在任人時一定不能急功近利，急於求成；經常更換人事，這樣做會適得其反，離自己所要求的目標越來越遠。正確的做法應該是一旦確定了人選，就給予其充足的時間，讓其潛心研究，放手施爲，反而容易做出顯著成績。

舉個例子，美國科學家的科學研究水準乃世界一流，但如果美國政府要求他們在短期內便將人類送上月球並在上邊正常生活顯然是不可能的。如果美國政府因此而將科學家們撤職查辦，那豈不成了天大的笑話。再如一家企業久病成痨，歷年來虧損負債上億元，企業主管任命一名新總經理，令其一年半載扭虧爲盈，否則就再次換人，這能證明的僅僅是該主管水準低下，不懂任人以專的基本常識，而絲毫不能證明新任總經理能力低下。可見，任人以專的效果明顯地比經常更換好。

北宋王安石曾特別強調任人必須「任人以專」、「久於其任」。他主張一旦確定合適的人選，就讓其多做幾年，予其充分展示才華的時間，則「智能才力之士，則得盡其智以赴功，而不患其事之不終、其功之不就也」。古人尚且如此，今天的主管們更應理解其內涵。經常更換人事不僅對事情本身於事無補，而且常弄得人心惶惶，紀律渙散。

法國經濟學家亨利．法約爾對人員任期問題有一段深刻的解釋。他說，人員任期穩定是一個均衡問題。員工適應新的工作和很好地完成工作任務都需要時間，即使是假設他有相應的能力。如果在他已經適應工作或在適應之前又被調離，那麼他將沒有時間提供良好的服務。如果這種情況無休止地重複下去，那麼工作就永遠無法圓滿完成。……因此，人們常常發現，一個能力一般但留下來的領導人比一個剛來就是傑出的領導人更受歡迎。這段話雖然是針對企業而發的，但同樣適用於其他組織和機構。它深刻地告訴領導者們任人以專的重要意義。

當然，任人以專並不是任期越長越好，它並不排斥工作人員的正常變動，只是強調要給人以充分展示才華和成績的時間，同時保持人員的相對穩定，以利於事業的發展。

因事用人

在一些企業和單位裡，人多而雜，加上效率低下，於是一些人更無事可做，但他們又擔心這樣賦閒下去會被主管解職，於是就要求主管給他們安排事情，以顯示他們還能幹，還在努力工作。在此過程中，一些主管可謂大感頭痛，本來沒什麼事做，卻要找事做，於是便挖空心思列出一些毫無實際意義的工作，讓每個人都占據一個位置或掛上一個頭銜。而這些虛假的、徒勞無益的工作對公司或單位一點好處都沒有，反而造成人員繁多，機構臃腫，既增了負擔，又降低了效率，還浪費了人才，有百弊而無一利。

之所以出現這種情況，就在於領導者在任人時因人設事的做法。

這種任人方法的意思是有什麼人，就去辦什麼事，即使沒事可做了，但如果還剩有人，就憑空造出一些事情，把剩餘的人員安排好，其弊端前已闡述。這樣的任人方法根本無法適應市場經濟條件下的領導者們，現在需要的是因事設人的方法，即領導者根據工作需要，有什麼事要辦，就安排什麼人去辦，有什麼職位安排什麼人，一切以促進公司的發展，提高效率爲出發點，絕不能因人設事，沒事找事，做一些無用的工作。對於剩餘的人員，領導者應果斷地資遣。

因事用人除了考慮人員的數量與工作需要的關係之外，還要考慮人員素質與工作要求的關係。如公司因管理和技術工作要求，就招一批知識水準較高的人去擔當此任。若公司需要一些秘書、財會人員，主管就不能招體力勞動者頂替。概括地說，一切因事而異。事情多，就多安排人數；事情少，就相應減少人數。事情難辦，文化要提高，就提高人員的素質；反之，就可以適當降低要求，用普通人員即可。

堅持平等的原則

某些企業領導人不屑於與下屬平起平坐，把等級觀念看得很重，認爲決策權是自己地位的象徵，不想與下屬共同決策，這種帶封建色彩的管理思想早就過時了。

也有的領導者認爲自己瞭解的情況，比下屬全面，自己的能力、水準也比下屬強，下屬提不出比自己更高明的計策來。這是許多管理共同的錯誤方式。應該承認，這些人成爲企業最高領導人，的確是因爲有過人的才幹，但往往正是這些能力強的領導者。自恃才高，不願聽下屬看似愚蠢的意見，獨斷專行。有人說：精英主管是獨裁主管，道理也就在這裡。

其實，領導者的想法再高明，下屬不接受，那也是一廂情願、廢紙一張。領導者要想辦法使自己的決策，變成是下屬的想法。能誘導下屬自己提出來，讓他們認爲這是他們自己提出來的，這樣的領導者才是最高明的。

當然，參與決策的人越多，企業機密被洩露的可能性也越大。而且，參與的人越多，所花費的時間也越長，決策的執行也可能因此而受到延誤。

儘管有這些不利因素，但下賭注是值得的，因爲讓人們參與決策對他們有影響的變革是非常重要的。如果領導者要得到下屬全力以赴的支持，就必須讓他們共同參與行動，而且愈快這樣做愈好。一旦在相同的目的之下，充分發揮相輔相成的作用和機能：急躁的上司配以穩重的下屬，膽大的主管配以心細的員工，任何成就的造就都會變得容易、迅速。

有一次，美國瑪麗．凱公司競爭對手的助理副總裁向瑪麗．凱求職。他很傷心地對她說：「我已經無路可走了，我們公司無法再繼續發展，再待下去我實在也沒有前途可言。」

他們談了一會之後，瑪麗．凱發現了他抱怨該公司的真正理由。那家公司正在修訂行銷策略，而這位副總裁沒有被列入策略修改委員會的一員，而正如他所說的，凡是這個委員會的成員都被視爲「高階幹部」。因此，他對該委員會提出的任何改革政策都極力反對。所以，瑪麗．凱不得不下這個結論：假如他也成爲委員會的一員，他就會採取支持的態度。他是一位聰明的年輕人，如果能參與這項工作，一定能對該公司有所貢獻；相反的，正因爲他無法參與，他的反對態度甚至促使他辭職而去。歸結來說，就是一個優秀的工作人員的自尊心受到了傷害。

只有合理分工才能使下屬心情舒暢

知人善任，對下屬進行合理分工，可以使下屬心情舒暢，充分發揮積極性和創造性。作爲上司，其主要精力應該花在計劃、組織和監督、指導上面。如果事必躬親，必將因小失大，一方面，自己的時間和精力大部分被瑣碎的事務占去，勢必影響宏觀調控的功能；而另一方面，又會使下屬束手束腳、覺得無事可做，喪失工作的積極性和創造性，不能人盡其用、人盡其才。這樣即使你做得筋疲力盡，也難取得優越的成績。

領導者必須根據發展狀況和實際需要，認真研究企業對人才的需求，什麼工作要什麼樣的人才，要做到心中有數。同時要清楚瞭解員工的能力與特長情況，尤其要善於發現那些默默無聞的人才。要根據人才的專長，揚長避短，合理使用人才，千萬不要將有能力的人才閒置。

領導者在用人的過程中必須牢牢記住一點：用人不疑。

領導者一定要有正確的用人態度，要有清醒的用人意識，要有堅定的用人信心。企業可以有各種監督、考核手段，但並不是在其職權範圍內橫加干涉。要表裡如一，讓員工安心工作，而不必花費精力來對付領導者。透過建立科學的選拔和用人機制，創新人才才會脫穎而出。

作爲上司，在對下屬進行任務分工時也應根據下屬的能力和特長進行合理分配，而不能「亂點鴛鴦譜」，否則會造成下屬的不滿情緒，影響上下級之間的交往，不利於工作的完成。

中國有句俗話：用人不疑，疑人不用。這也是知人善任的一項原則。你應該對你的下屬毫無猜疑地信任，這樣才能使他們忠實真誠地爲你效力，才能使他們負起應負的責任。

要做到信任下屬，還應該多聽取他們的建議，讓他們知道，他們也在參與管理，而不僅僅是被領導者。要記住：請教別人或徵求他們的意見，總會使他們感到高興的。

人只有做符合自己秉性的事才會更積極

主管的任務簡單地說，就是找到合適的人，擺在合適的地方做一件事，然後鼓勵他們用自己的創意完成手上的工作。領導者要想說服下屬，讓他們依照你的意思行事，就必須摸清下屬的性格，對不同的人採用不同的方法，既不能千篇一律，也不能「牛不吃草強按頭」。摸透下屬的秉性，必須對下屬有全面、細緻的瞭解，對下屬的情況知道得越多，越能理解他們的觀點和存在的問題。作爲領導者，應該盡一切力量去認識和理解一個人的全部情況。下屬們的工作態度、習慣不只影響其自身的工作效率，也會影響到其他下屬的士氣和工作效率。身爲領導不能忽視下屬的性格問題，只有瞭解了他們的性格，才能採取正確的對策，以理服人。

三國時期，諸葛亮作爲領導者，對下屬的性格可謂瞭解得極其透徹，他能針對不同的下屬而採取不同的對策，所以能讓所有下屬都心服口服。關羽自傲自大，諸葛亮在華容道之戰前，利用他的自大、自傲，使其立下軍令狀。其後，關羽果然是如諸葛亮所料，放走了曹操。他也從此對軍師諸葛亮更加信服。

而張飛，性格魯莽、脾氣暴躁。諸葛亮對這一莽漢則採取激將的辦法，往往激得張飛不惜生命南征北戰，從而取得勝利。事後，張飛對諸葛亮也是心服口服。孟獲有少數民族的特點，他淳樸但又奇猛無比。對待這樣的人，諸葛亮則採用了攻心戰術。七擒孟獲，使孟獲由衷地佩服諸葛亮，並從此對諸葛亮、對蜀國死心塌地。

對於不同的下屬，你一定要先把握他們的性格，才能夠據此採取不同的對策，讓他們信服。

對於那些事事悲觀，對新觀念不抱希望的下屬，他們的這種性格使他們不想面對現實，阻礙了整體的前進。對於有這種性格的下屬，在他們面前一定要保持一種樂觀進取的態度，讓他們有所放鬆，並多多鼓勵他們積極進取。

對於那些脾氣暴躁的下屬，他們的性格或許會令部門永無寧日。對待這些下屬，應當在他們心平氣和時，讓他們知道亂發脾氣是不恰當的。並強調部門是個整體，不容許個人破壞紀律，也不會姑息亂發脾氣的行爲。當他們情緒激動的時候，最好先不要發言。聽他們訴說心中的不平。一個憤怒的人，通常會有很複雜的情緒，細心地聆聽可以令他感覺到你在注意他，並會對你慢慢地有好感。

對於一些個性極強的下屬，則不能放任自流，要及時地制止他們的行爲，讓他明白不能無視企業的紀律，以直接勸告來達到說服他的目的。

作爲領導者，面對有著不同秉性的下屬，要懂得去瞭解他們的性格，把不同性格和具有不同特長的下屬放在不同的位置上以充分發揮他們的才能。

用人以長，容人之短

用人問題的關鍵在於，要用人之長，這是領導者用人的眼光和魄力之所在。現代管理科學的管理理念是，一個人的短處是相對存在的，只要善於激活他某一方面的長處，那麼這個人則可能修正自我，爆發出驚人的工作潛能。其實在高明的領導者眼裡，沒有廢人，正如武功高手，不需名貴寶劍，摘花飛葉即可傷人，關鍵看如何運用。

在一次宴會上，唐太宗對王珪說：「你善於鑑別人才，尤其善於評論。你不妨從房玄齡等人開始，都一一做些評論，評一下他們的優缺點，同時和他們互相比較一下，你在哪些方面比他們優秀？」王珪回答說：「孜孜不倦地辦公，一心為國操勞，凡所知道的事沒有不盡心盡力去做，在這方面我比不上房玄齡。常常留心於向皇上直言建議，認為皇上能力德行比不上堯舜很丟面子，這方面我比不上魏徵。文武全才，既可以在外帶兵打仗做將軍，又可以進入朝廷擔任宰相，在這方面，我比不上李靖。向皇上報告國家公務，詳細明瞭，宣佈皇上的命令或者轉達下屬官員的彙報，能堅持做到公平公正，在這方面我不如溫彥博。處理繁重的事務，解決難題，做事井井有條，這方面我也比不上戴胄。至於批評貪官污吏，表揚清正廉署，疾惡如仇，好善樂施，這方面比起其他幾位能人來說，我也有一日之長。」唐太宗非常贊同他的話，而大臣們也認爲王珪完全道出了他們的心聲，都說這些評論是正確的。

從王珪的評論可以看出唐太宗的團隊中，每個人各有所長；但更重要的是唐太宗能將這些人才依其專長運用到最適當的職位，使其能夠發揮所長，進而讓整個國家繁榮強盛。

未來企業的發展是不可能只依靠一種固定組織的形態而運作，必須視企業經營主管的需要而有不同的團隊。所以，每一個領導者必須學會如何組織團隊，如何掌握及管理團隊。領導者應以每個下屬的專長爲思考點，安排適當的位置，並依照下屬的優缺點，做機動性調整，讓團隊發揮最大的效能。最糟糕的領導者就是漠視下屬的短處，隨意任用，結果就會使下屬不能克服短處而恣意妄爲。也就是說，一位不能夠明白下屬短處的領導者，也不能夠明白下屬的長處，這是善於洞察下屬的領導者力戒的用人錯誤方式。如果說，只看到下屬的短處而將他拋棄的領導者好比瞎了一隻眼睛的盲人，那麼只使用下屬的短處的領導者則好比瞎了兩隻眼睛的盲人——成了一個真正的瞎子！

察人所短，因人而用

人之才性，各有長短。宋代司馬光總結說：「人之才性，各有所能，或優於德而嗇於材，或長於此而短於彼。」用人如器，各取所長。這是現代領導者的最基本的管理才能。

假如你是一位企業領導者，對待如下不同類型的下屬，應當採取不同的用人之道，使他們克服短處，各有特長，爲組織發展增添人力資源：

1. 知識高深的下屬，懂得高深的理論，可以用商量的口吻。

2. 文化低淺的下屬，聽不懂高深的理論，應多舉明顯的事例。

3. 剛愎自用的下屬，不宜循循善誘時，可以用激將法。

4. 愛好誇大的下屬，不能用表裡如一的話使他接受，不妨用誘兵之計。

5. 脾氣急躁的下屬，討厭喋喋不休的長篇說理，用語須簡要直接。

6. 性格沉默的下屬，要多挑逗他說話，不然你將在五里霧中。

7. 頭腦頑固的下屬，對他硬攻，容易形成僵局，造成頂牛之勢，應看準對方最感興趣之點，進行轉化。

在這裡，實際上提出了「領導者用人的前提是如何察人」的問題，做到既要察人所長，用人之長，又要察人所短，因人而用。

對一個人才來說，性情爲人也許是天生的。但作爲領導者卻能夠「巧奪天工」地運用他，使之能夠既顯其能，又避其短。以下是十條用人的經驗之談：

1. 性格剛強卻粗心的下屬，不能深入細微地探求道理，因此他在論述大道理時，就顯得廣博高遠，但在分辨細微的道理時就失之於粗略疏忽。此種人可委託其做大事。

2. 性格倔強的下屬，不能屈服退讓，談論法規與職責時，他能約束自己並做到公正，但說到變通，他就顯得乖張頑固，與他人格格不入。此種人可委託其立規章。

3. 性格堅定又有韌勁的下屬，喜歡實事求是，因此他能把細微的道理揭示得明白透徹，但設計到大道理時，他的論述就過於直露單薄。此種人可讓他辦具體事。

4. 能言善辯的下屬，辭令豐富、反應敏銳，在推究人事情況時，見解精妙而深刻，但一涉及到根本問題，他就說不周全容易遺漏。此種人可讓做謀略之事。

5. 隨波逐流的下屬不善於深思，當他安排關係的親疏遠近時，能做到有豁達博大的情懷，但是要他歸納事情的要點時，他的觀點就疏於散漫，說不清楚問題的關鍵所在。這種人可讓他做低層次的管理工作。

6. 見解淺薄的下屬，不能提出深刻的問題，當聽別人論辯時，由於思考的深度有限，他很容易滿足，但是要他去核實精微的道理，他卻反覆猶豫沒有把握。這種人不可大用。

7. 寬宏大量的下屬思維不敏捷，談論精神道德時，他的知識廣博，談吐文雅，儀態悠閒，但要他去緊跟形勢，他就會因爲行動遲緩而跟不上。這種人可用他去帶動下屬的行爲舉止。

8. 溫柔和順的下屬缺乏強盛的氣勢，他去體會和研究道理就會非常順利通暢，但要他去分析疑難問題，他就拖泥帶水，一點也不乾脆俐落。這種人可委託他執行上級意圖做事。

9. 喜歡標新立異的下屬瀟灑超脫，喜歡追求新奇的東西，在制定錦囊妙計時，他卓越的能力就顯露出來了，但要他清靜無爲，卻會發現他做事不合常理又容易遺漏。這種人可從事開創性工作。

10. 性格正直的下屬缺點在於好斥責別人而不留情面；性格剛強的人缺點在於過分嚴厲；性格溫和的人缺點在於過分軟弱；性格耿直的人缺點在於過分拘謹。這三種人的性格特點都應主動加以克服。所以可將他們安排在一起，藉以取長補短。

金無足赤，領導者對人才不可苛求完美，任何人都難免有些小毛病，只要無傷大雅，何必過分計較呢？最重要的是發現他最大的優點，能夠爲企業帶來怎樣的利益。

現代管理學主張對人實行功能分析：「能」，是指一個人能力的強弱，長處短處的綜合；「功」，是指這些能力是否可轉化爲工作成果。寧可使用有缺點的能人，也不用沒有缺點的平庸的「完人」。

人心各異，方法有別

所謂性格，是指人對客觀現實的穩固態度以及與之相適應的慣常的行爲方式中表現出的個性心理特徵。性格是一個人個性的核心，它直接影響到人的行爲方式，進而影響到人際關係及工作效率。因此，在管理過程中，根據人的不同性格採用不同的管理方式是提高管理水準的重要手段。俗話說，「人心不同，各如其面」。人與人之間性格差異很大。一般來說，有幾類人的性格較爲突出，也比較難管理，下面分別做出介紹，爲領導者提供借鑑。

1. 脾氣暴躁、常與人結怨者

某君自卑感很重。他在工作中表現很認真，也很執著，但不順利時，他總認爲是其他人故意刁難他，爲此經常大發雷霆，甚至到主管那裡「投訴」，造成辦公室火藥味濃重，人際關係緊張，直接影響了其他人的工作情緒。

當這類情緒激動、怒氣沖沖的員工跑到你辦公室「投訴」時，你首先應讓他們坐下來，然後仔細聆聽他們的談話，不要發言，因爲他們在激動時所說的話往往是雜亂無章的、未經組織的，讓他們把事情的經過說完，或者在一定程度上說，是讓他們宣洩完憤怒的情緒，相對冷靜下來之後，再來表示你的處理方法。你不必試圖改變一個脾氣暴躁的人，也不要敷衍他們，更不能從中轉換話題。雖然任何一個公司的紀律都不會要求改變員工的不良性格，但你必須告訴他們，動輒發脾氣的人感情上通常不夠成熟，要教會他們學習控制自己的情緒，並強調公司不贊成以亂發脾氣的方式來解決問題。也可以嘗試著給他們安排一些多見文件少見人的工作，鼓勵他們多參與同事們的活動，讓他們知道他們是跟大夥同一陣線的，沒人願意也沒有人能阻礙他的工作。

2.自尊心極重、感情脆弱者

這類人多是一些職位較低的年輕女性，她們大部分剛踏出校門，對紛繁複雜、競爭激烈的社會不太適應。領導者幾句提醒她們的話，聽在她們耳中，就像被老師當眾責罵，心中極爲不安，無形中產生了一股壓力，對工作喪失信心和興趣，甚至產生跳槽的念頭和行動。

具有這類性格的員工，一般表現比較拘謹，她們總喜歡繃著臉，緊張地工作，遇到困難時誠惶誠恐，對上級說話時語調總是戰戰兢兢。對待此類員工，說話時措辭要小心謹慎，盡量避免從個人角度出發，多強調「我們」和「公司」。在批評她們工作中的問題時，必須多顧及她們的自尊心。

一絲溫和的笑容，一句關切的問候，都會增加她們的安全感和自信心。在平時例行的工作中，不妨把握機會稱讚她們的表現。再三的鼓勵或許讓你都感到自己嘮叨，但對她們來說卻是很受用的，而且有種被重視的感覺。同時，應該讓她們明白，在工作中發生錯誤時，可能是多種原因造成的，不一定與個人能力有關。因此，不必爲此感到沮喪和喪失信心。

3. 消極悲觀、缺乏自信者

公司召開會議、討論某項新建議時，有人提出反對是正常的。但你可能會發現，在你的公司裡有這樣一類人，他們不管提出的建議是什麼，從不進行深入的思考，總是一味地阻撓和反對，這不僅會阻礙公司的變革，而且破壞了公司創新的氛圍。因此，你必須深入分析他們反對的真正原因。有些人只是因爲他們消極悲觀，缺乏信心，擔心失敗。如果你發現某位員工一貫努力工作，對公司忠心耿耿，而且還頗有業績，只是有些缺乏信心，你可以給他機會，培養他的自信心。

例如，你可以找他談談你的新計劃，讓他負責實施。起初，他可能猶豫，面露難色。此時，你可以請他不要對任何事都採取否定的態度，應該提出積極而且有建設性的意見。如果他懷疑該項計劃的可行性時，你就鼓勵他找出可行的方法，並且全力幫助他實施，讓他體驗變革的樂趣及由此獲得的成就感。當然，你不要企圖使消極、悲觀的人一下子變得積極、樂觀。你只能讓他瞭解你是個樂觀進取、凡事採取積極態度的人，尤其是接洽一項艱巨的工作時，更應以肯定且樂觀的態度對待。如果他一向尊重你，多少也會被你感染而產生信心。

4. 溜鬚拍馬、阿諛奉承者

在許多地方，常可見到溜鬚拍馬、阿諛奉承者，他們經常稱讚你，且附和你所說的每一句話。如果有這種員工，就必然有愛戴高帽子的上司。儘管各領導者都會表白自己明智、有自知之明和不介意下屬批評，但人們總是喜歡被表揚。有些領導者認爲，只要自己不爲他們的吹捧而迷惑，他們的表現也不差，就可以任由他們繼續奉承下去。但事實上，你的態度，會使他們感覺你默認了這種吹捧，不僅會強化他們的這種行爲，還會使他們輕視你，降低了對你的尊重。對待這種下屬，在與他們溝通時，無須太嚴肅地拒絕他們的奉承，也不要任由他們隨意誇張。當他們向你賣弄奉承的本領時，你可以說：「你最好給自己留一點時間，考慮新的計劃和建議，下次開會每個人都要談自己的意見。」

5.善於表現、急功近利者

下屬中，總不乏雄心萬丈、積極進取之人，甚至你能感覺到下屬的目標直指你的職位，許多領導者因此而忌才。但是，對待這些急功近利者卻不能忽視。因爲這種人往往爲了個人利益不擇手段，影響其他員工的工作情緒和進度，造成人際關係緊張。與急於表現自己的下屬溝通，切忌使用單刀直入式，免得讓他產生你忌才的錯覺，而不接受你提出的任何建議。你可以認真聆聽他的建議，適當稱讚他的表現，表示你對他有某種程度的讚賞。得到你的稱讚，他一定會進一步表現自己，那時你可以漫不經心地告訴他：「凡事都得按部就班，這樣才會對其他員工比較公平，如果其他人比你更急時，你能否容忍他像你現在這樣牽著別人鼻子走嗎？」你的語調要像平常說笑般輕鬆，既不傷害他的自尊心，也讓他設身處地爲其他人想一想。

6.鬱鬱寡歡、以為懷才不遇者

這種下屬常爲自己的才華不能受到重視而終日歎息，缺乏工作熱情和積極性。對待這種員工，千萬別用類似的打擊性語言：「你有多少才能呢？像你這樣的人，隨便可以找到。」這種語言會使他們感到被輕視，變得更加鬱鬱寡歡。平日對他們要熱情，這樣會使他們有被尊重、重視的感覺。交代給他們的任務，事後一定要認真過問，如果做得好，別忘記稱讚兩句。儘管他們在公司裡只不過是些小角色，但也可以偶爾邀請他們參加重大會議，鼓勵他們勇於發言，並經常給他們提供參與的機會。如果他們同時感覺到機會面前人人均等，他們會更加努力工作的。

總之，雖與有「問題」的下屬在溝通和相處方面都會有困難，但作爲領導者，必須在可能的範圍內，嘗試瞭解他們的性格，並進行因人而異的管理，而且要牢記這項工作是非常需要時間和講究方法的，不可操之過急，否則，將會適得其反。

放手讓下屬去做

《呂氏春秋》記載，孔子的弟子宓子賤，奉魯國君主之命要到亶父去做地方官。但是，宓子賤擔心魯君聽信小人讒言，從上面干預，使自己難以放開手腳工作，充分行使職權，發揮才幹。於是，在臨行前，主動要求魯君派兩個身邊近臣隨他一起去亶父上任。

到任後，宓子賤命令那兩個近臣寫報告，他自己卻在旁邊不時去搖動二人的胳膊肘，搗他們的亂，使得整個字體寫得不工整。於是，宓子賤就對他們發火，二人又惱又怕，請求回去。

二人回去之後，向魯君抱怨無法為宓子賤做事。魯君問為什麼，二人說：「他叫我們寫字，又不停地搖晃我們的胳膊。字寫壞了，他卻怪罪我們，大發雷霆。我們沒法再幹下去了，只好回來。」

魯君聽後長歎道：「這是宓子賤勸誡我不要擾亂他的正常工作，使他無法施展聰明才幹呀。」於是，魯君就派他最信任的人到亶父對宓子賤傳達他的旨意：從今以後，凡是有利於亶父的事，你就自決自爲吧。五年以後，再向我報告要點。宓子賤鄭重受命，從此得以正常行使職權，發揮才能，亶父得到了良好的治理。這就是著名的「掣肘」典故。古人對此事讚許道：「此魯君之賢也。」

古今道理一樣。領導者在用人時，要做到既然給了下屬職務，就應該同時給予與其職務相稱的權力，不能大搞「扶上馬，不撒韁」，處處干預，只給職位不給權力。

在這方面做的最出色的是齊桓公的「凡事問管仲」。

有一次，晉國派使者晉見齊桓公，負責接待的官員向齊桓公請示接待的規格。齊桓公只說了一句話：「問管仲。」

接著，又來一位官員向齊桓公請示政務，他還是那句話：「問管仲。」在一旁侍候的人看到這種情形，笑著說：「凡事都去問管仲，照這麼看來，當君主蠻輕鬆的嗎？」

齊桓公說：「像你這樣的小人物懂什麼呢？當君主的辛辛苦苦網羅人才，就是爲了運用人才。如果凡事都由君主一個人親自去做，一則不可能做得了，再則就糟蹋了苦心找來的人才了。」

「我花那麼多的心血找到的人才，」齊桓公接著說，「讓管仲當我的臣下。既然交付給他處理，齊國就安泰，我就不應該隨便插手。」

網羅人才是一件很辛苦又費力的事，得到真正的人才不易。一旦得到賢良而忠心的人才輔佐，國家就會興旺安泰。要放手讓人才去發揮自己的才幹，身為領導者，就不要隨便插手干預。正是因為齊桓公的賢明，再加上管仲的大力輔佐，不久之後，齊國就躍居春秋五霸之首。

無論是魯君，還是齊桓公，他們的話都很值得細細品味。領導者用人只給職不給權，事無鉅細都由自己定調、拍板，實際上是對下屬的不尊重、不信任。這樣，不僅使下屬失去獨立負責的責任心，還會嚴重挫傷他們的積極性，難以使其盡職盡力，到頭來工作做不好的責任還得由領導者來承擔。

所以，放手讓你的下屬去施展才華吧，只有當他確實違背了工作的主旨時，你再出手干預，將他引上正軌。只有將下屬的積極性全部提升起來，你的事業才能迅速地獲得成功。

激起下屬的好鬥心

「間之以是非而觀其志」，這是諸葛亮提出的瞭解、識別人的方法之一。瞭解、識別人的方法很多，採用透過撥弄是非挑撥離間來瞭解其立場這種方法，與我們平常所說的無事生非，無中生有，在張三面前說李四的不是，在李四的面前說張三的不是一樣，是一種激將法。什麼是激將法？簡單地說，就是從心理學角度出發，用反面的話激勵別人，使之決心做什麼事的一種語言表達方式。

一般來說，激將法有如下幾種。

1.「明激法」

就是針對對方的心理狀態，直截了當給以貶低，用否定的語言刺激，刺痛之、激怒之，使之「跳起來」，從這激將的過程來觀察識別對象的真正的志氣和志向。

《三國演義》中，周瑜企圖假借曹操之手殺掉孔明的時候，孔明採用激將法，揭穿周瑜的詭計。當孔明欣然同意接受斷曹操糧草命令時，對魯肅說：「吾水戰、步戰、馬戰、車戰，各盡其妙，何愁功績不成，非比江東公與周郎輩止一能……公等於陸地但能伏路把關；周公瑾但堪水戰，不能陸戰耳。」魯肅將此言告知周瑜，周瑜憤怒地說：「何欺我不能陸戰耶！不用他去！我自引一萬馬軍，往聚鐵山斷操糧道。」肅又將此言告知孔明，孔明將問題挑明，並從抗曹大局出發，笑對魯肅說：「公瑾令吾斷糧者，實欲使曹操殺吾耳。」這時孔明正是利用周瑜的自尊心，好勝心強以及不甘落後的虛榮心，故意誇耀自己，貶低周瑜，從而達到自己的目的。

2.「暗激法」

就是不就事論事，而採取隱晦，旁敲側擊的方法去激勵下屬、刺激下屬。

有一次，查爾斯·史考勃手下的一名工廠經理人來向他討教，因爲他的員工一直無法完成他們分內的工作。

「像你這樣能幹的人，」史考勃問，「怎麼會無法使工廠員工發揮工作效率？」

「我不知道，」那人回答，「我向那些人說盡好話，我在後面推他們一把，我又發誓又詛咒的，我也曾威脅要把他們開除，但一點效果也沒有。他們還是無法達到預定的生產效率。」

當時日班已經結束，夜班正要開始。

「給我一根粉筆，」史考勃說。然後，他轉身面對最靠近他的一名工人，問道：「你們這一班今天製造了幾部暖氣機？」

「六部。」

史考勃不說一句話，在地板上用粉筆寫下一個大大的數字：「六」，然後走開。

夜班工人進來時，他們看到了那個「六」字，就問這是什麼意思。

「大老闆今天到這兒來了，」那位日班工人說，「他問人們製造了幾部暖氣機，我們說六部。他就把它寫在地板上。」

第二天早上，史考伯又來到工廠。夜班工人已把「六」擦掉，寫上一個更大的「七」。

日班工人早上來上班時，當然看到了那個很大的「七」字。

原來夜班工人認爲他們比日班工人強，他們當然要向夜班工人挑戰。他們加緊工作，那晚他們下班之後，留下一個頗具威脅性的大「十」字。情況顯然逐漸好轉。

不久之後，這家產量一直落後的工廠，終於比其他的工廠生產得更多。

轉變的原因何在?用史考勃他自己的話來說明就是，要使工作能圓滿完成，就必須激起競爭，激起超越他人的慾望。

超越他人的慾望！挑戰！這是振奮人們精神的一項絕對可靠的方法。

3.「自激法」

就是一味地褒揚對方光榮的過去的狀態而不提及其現在，無形中就否定了下屬現在的工作，從而激勵起對方改變現狀的決心。

4.「導激法」

激將法不能只採取簡單的否定或貶低，而要「貶中有導」，既能激勵他的意志，又要指明其奮鬥方向。

在用人過程中，採用「間之以是非而觀其志」，要注意分寸。「反話」容易使人洩氣。所以，採用這一識人方法時出發點一定要正確。不是爲了整人去挑撥是非，而是爲了選拔人才，用是變非，變非是去激被考察者的志向變化，觀其在是非曲折中能否承受這樣的考驗。如果受了一點委屈，被誤解就破瓶子破摔，這樣的人是成不了大才的。應該有大將風度，不管風吹浪打，勝似閒庭信步。

讓員工產生歸宿感

對於大多數企業領導者來說，留住人才是他們的重要任務之一。但對於員工來說，有時金錢並不是作出選擇的唯一條件，工作環境的溫馨，工作夥伴的熟悉，工作配合的默契，都對一個人的工作心理狀態有影響。其實，每一個人都需要歸宿感，讓員工擁有歸宿感是人的重要原則之一，下面讓我們來看看微軟、美國西南航空和豐田的做法吧。

美國微軟公司是ＩＴ行業的精英人才庫，它的成功固然有多方面的經驗可以參考，但就其對內部員工的民主化和人性化管理來說，一個不同於其他企業的特色是公司為了方便員工之間以及上下級之間的溝通，專門建立了個四通八達的公司「內部電子郵件系統」，每個員工都有自己獨立的電子信箱，上至比爾·蓋茲，下到每一個員工的郵箱代碼都是公開的，無一例外。

作爲微軟的員工，無論你在什麼地方、什麼時間，根本用不著秘書的安排，就可以透過這一「內部電子郵件系統」和在世界任何一個地方的包括比爾·蓋茲在內的任何一個成員進行聯繫與交談。這個系統使員工深深體驗到一種真正的民主氛圍。

微軟的員工認爲，「內部電子郵件系統」是一種最直接、最方便、最迅速、也最能表現尊重人性的工作溝通方式。透過「內部電子郵件系統」，除了上層對下層安排工作任務，員工們彼此之間相互溝通，傳遞消息外，最重要的是員工可以方便地使用它對公司上層，甚至最高當局提出個人的意見和建議。

微軟的「內部電子郵件系統」爲公司員工和上下級的交流提供最大的方便，爲消除彼此間的隔閡，保持人際關係的和諧暢通了管道，爲拴住人心、留住人才發揮了極大的作用。

美國西南航空公司在激烈的人才爭奪戰中，用獨樹一幟的「最佳僱主品牌形象」吸引和留住了符合企業核心價值觀的員工。

「最佳僱主品牌形象」是公司對員工做出的一種價值承諾，一種與客戶服務品牌同等重要的內部品牌。在二〇〇〇年，美國西南航空公司的每一位員工都收到了一份包括保健、財務保障、學習與發展、變革、旅行、聯絡、工作與休閒、娛樂等八項的自由「個人飛行計劃」。該計劃將「最佳僱主品牌形象」透過警句的形式傳達給廣大員工：「西南航空，自由從我開始」。

美國西南航空公司認為每一位員工都是實現自由承諾的要素。他們透過建立「最佳僱主」的內部品牌來激勵員工，為員工提供充分的自由，不僅使員工與公司之間產生了強大的親和力，而且有效地激發了員工創造優質客戶服務品牌的熱情。該公司員工福利與薪酬總監說：「我們希望透過自由承諾進一步加強優秀人才的敬業精神，『優秀僱主』這一稱號使我們在吸引和留用優秀人才方面獲得了更大的競爭優勢。」

豐田公司的信條是：「員工總是忠誠於那些忠誠於自己的公司」。

為了表明公司命運與員工命運的緊密相繫、不可分割，公司以「沒有許諾的終身僱用」向員工表明對他們的忠誠。一方面，公司文件和經理人的談話中不斷地提到終身僱用。比如團隊成員手冊中就寫到：「終身僱用是我們的目標——你和公司共同努力以確保豐田成功的結果。我們相信工作保障是激勵員工積極工作的關鍵。」

但在事實上，雙方並沒有簽訂什麼保證書。在團隊成員手冊中同時清楚地寫到：「所有員工與豐田的勞動關係是基於就業自願原則的。這意味著無論是豐田還是公司員工，在任何時候，因為任何理由都可以炒對方的魷魚。」但是豐田公司的員工都相信他們的工作是有保障的。

有位員工在接受記者採訪時說：「公司是永遠不會將我們解僱的。即使不景氣的時候，我們也將被留在這裡，和公司一起渡過難關。」這種自信並非是盲目的。公司總裁多次公開表示，在公司困難的時候，不會裁員，而是將勞動力「重新配置」。「我們將利用這個機會來進一步培訓我們的團隊成員——我們這樣稱呼我們的員工。團隊成員將利用這個機會來繼續提高，而這是他們在繁忙的工作工作上做不到的。」

豐田公司的一個部門主管說，他已經在這個工作上做了二十多年。他說在這裡待這麼長時間的主要原因並不是豐厚的酬賞，更為重要的是在這些年的工作時間裡，已經建立了自己的威信，確實不想再到別的公司去從頭做發揮了。他感覺他已經在很多情況下對公司做出了影響並且也得到了認可。對他來說，這些事情是比金錢更重要的事情。

他的這段話，真切地反映了人們在基本物質生活得到滿足的情況下，將不再把金錢作為主要的工作動機，對大多數人來說，「個人價值的實現」、「受人尊重」遠比金錢更重要。

因此，高薪酬並不能買得員工的永久性忠誠，唯有情感的投入才能讓員工無法抗拒企業巨大的磁力。

開除員工會造成更多人的不安

領導者離不開下屬。實際上，領導者的業績往往取決於下屬的表現。挑選和培養下屬，是優秀領導者的基本技能和責任所在。不過事情總有不遂人願的時候。那麼，在什麼樣的情形下領導者可以考慮解聘呢？

在員工不能達到期望的時候，不能一味苛責別人或者解聘員工。想一想更有人情味的方法，讓下屬有機會去學習、去提升、去改變。領導者固然可以按照自己的意願僱人或者「開除人」，但那些立志成爲真正的領導者的領導者，在動用這一巨大權力時必須慎之又慎，因爲它實在是關乎員工的生活與生計。

1. 對偶爾犯錯者：多些寬容，開誠佈公

領導者解聘員工最常見的原因是某個具體的差錯。如果這個差錯屬於道德敗壞問題，解聘就完全理所應當。

然而，優秀的領導人會容忍錯誤的發生並鼓勵下屬汲取教訓。

二十世紀八〇年代中期，新可口可樂的引入成爲曝光度最高的商業失敗之一。面對消費者巨大的消極反應，七十七天之後，傳統可口可樂重回市場。儘管大敗一場，新可口可樂專案中沒有人受到譴責，更沒有人被解僱。這個專案的領軍人、行銷主管齊曼雖然事後離開了公司，但七年之後，他又重回可口可樂，管理全球行銷部。公司執行長伊木埃塔解釋說：「不能容忍錯誤，我們就會喪失競爭力。如果你的出發點就是避免出錯，你就走上了無所作爲之路。你跌倒，是因爲你在前進。」

原諒齊曼的大錯，使公司從中汲取教訓，是公司執行長卓越管理力的明證。新可口可樂潰敗之後，可口可樂重整行銷策略，逐年從百事可樂手中奪回了不少市場占有率。

正確對待錯誤的關鍵，是要用心良苦地將錯誤公之於眾。如果員工意識到可以對問題進行開誠佈公的討論，他就知道，承認錯誤、改正錯誤會得到支持。比起獨斷、拒斥、懲罰或者解僱，積極的、面對面的交流效果更好。你最終將會看到，業績、士氣和團隊精神將因此而大幅提升。

2. 對不稱職者：教練指導，助其成長

因爲整體上不稱職而解聘下屬的情況很常見。商業上如此，政治上同樣如此。

一九八〇年，英國首相柴契爾夫人在組閣之際不得不做出艱難抉擇：

「我讓豪威爾和揚從內閣離職。豪威爾作爲內閣大臣的缺點在他任職能源部的時候就已經顯現出來，而他在交通部的表現也證明我的判斷沒有錯。無論是作爲反對黨還是作爲特別委員會主席，他都具有足夠的卓越才能，但他缺乏由創造性的政治想像力和實幹才能形成的綜合素質，這使他不能成爲一流的內閣大臣。」

當然，即使下屬不稱職，一個傑出的主管也應該加以教練和指導，促使他改頭換面。進行指導時，尤其要讓員工更好地瞭解他們自身和他們的工作。這可以讓他們知道如何改善心態，在面對與業績相伴而來的焦慮、屈辱和挫折時更講究方式方法。

如果教練和指導沒有達到預期的效果，領導者別無選擇，只有裁員。即便如此，領導者本人也要承擔部分失敗的責任。正像匈奴王阿提拉所說的：「首領如果不稱職，等級最高的下屬也不能接替他。首領失敗了，下屬也好不到哪去。」

3.對偏離既有模式者：突破教條，鼓勵創新

威爾許是近二十年來最著名的企業領袖。他在職的時候，培養了一大批傑出的領導者人選，密切關注每個人的個人發展，安排他們任職於不同的工作以獲取相關的經驗，爲他們設定富有挑戰性的目標，給他們充分的空間施展才能。據說他還在通用電氣設立了一個

人才更新系統，讓績效最低的一〇%的員工離職。

成功的領導者應該是什麼樣子，成功的企業應該是什麼樣子，威爾許心知肚明，對於不符合的，則堅決剔除。他因此贏得了「中子彈傑克」的綽號。不管怎麼說，傑克也許不能保證你永遠不被開除，但他卻讓你永遠有能力找到更好的工作。

4. 對價值觀相異者：協調一致，避免分歧

領導者與下屬之間要建立良好關係，保持價值觀的協調至關重要。領導者與下屬的共同價值觀將大體上構成所謂的團隊「文化」，也就是這個團體的處事方式。領導者與下屬彼此協調一致的價值觀是合理行爲產生的基礎。如果領導者與下屬各自奉爲圭臬的信條大相齟齬，必然帶來團體的「精神分裂」。

柴契爾夫人因善於塑造和堅持一套毫不動搖的價值觀而聞名於世。組建新內閣時，她精心挑選那些與她觀念相近的人。決定撤換外交大臣皮姆時，她說：「我首先拋下了一個自命爲飛行員、但方向感卻屢出差錯的人。弗朗西斯和我的分歧不僅僅在於政策的導向或者內閣的方針，甚至在於整個的人生觀。」

賦予領導者的不光有權力，還有重大的責任。權力之一就是解僱屬員。除了少數沒心沒肺、根本不是什麼好領導人的傢伙之外，解聘下屬總是令人不快和苦惱的。雖然從團體

的整體利益來看，解僱一個員工可能合情合理，但也總讓人質疑：領導者是否同樣應該承擔下屬工作不力的部分責任。

如果一個領導者是以改革者的身份上任的，他將不得不「開除」掉一批人。然而，做不得不做的事情並不是一個傑出領導者的風範。一個真正傑出的領導人，會帶領那些製造了當前困境的同一班人馬，突破危局、力挽狂瀾。

合適的解僱方法要以保護員工自尊心為基礎

二十七歲那年，格雷格・蘇德蘭斯被解僱了。剛從大學畢業，他就在芝加哥附近一家賣酒的公司當銷售助理。蘇德蘭斯開著那輛「現代奏鳴曲」汽車整日奔波於七十四號州際公路，把一箱箱酒賣給飯店，每週工作三十五個小時，領著約四萬美元的年薪。但不管工作多麼拚命，他從未完成過定額。

終於，在一個寒風刺骨的夜晚，上司把他叫到了後台辦公室。蘇德蘭斯甚至還未坐下，一位上司就開始大叫大喊，責備他妨害了經營利潤，還對蘇德蘭斯的職業道德心存懷疑，並滿腹狐疑地問他對於竟然能夠保持這份銷售工作有何想法，然後說：「你被開除了！」另一名主管自始至終保持沉默，等到同僚說完了，他拍拍蘇德蘭斯的肩膀，說了幾句鼓勵的話，然後就叫他走人。根本沒有解僱金或是離職面談。

現年三十三歲的蘇德蘭斯說：「我永遠不會忘記那天的感受。不到五分鐘，他們完全擊潰了我的自尊心。即便那位較友善的主管也讓我覺得自己如同廢物。這絕不是叫員工走人的方式。」

蘇德蘭斯說，昔日的痛苦記憶給了自己這種啓示——憐憫、誠實而不失尊嚴地解僱自己的員工。一九九七年，作爲國際蓋特韋通信公司的資訊人經理人，因爲業績問題他不得不解僱一名技術員。在解僱的同時，他還爲這人提供了新職業介紹諮詢服務、一筆豐厚的解僱金及介紹未來職業的推薦信。

如何正確解僱員工是很多領導者都不具備或不願意煞費苦心去培育的一項技能。可對那些留下來的人及走掉的人來說這很重要。如果解僱方式得當，員工會傷心而不是憤然離開。如果弄得一團糟，就會自斷退路，使留下來的人感到驚恐並對將來招聘員工十分不利。

人們通常認爲，解僱表明組織與管理出現問題，因爲過於敏感，所以不願討論。但作爲管理的一部分，解僱員工與招聘、僱用與留住員工同樣重要，是管理就要學會的行爲準則。解僱員工是個敏感的問題，但並不意味著領導者可以不理不睬。不失尊嚴地解僱員工需要慎重、犧牲與技能。這並不總是很容易，但可以做好。以下介紹三種解僱員工的方法。

1. 糾正訓練

第一步是找出有問題的員工，然後通告他們沒有盡職。領導者應該親自與該員工面對

面地交流。許多公司制定有特殊計劃，旨在讓員工瞭解成敗攸關時期的重要性。格林萊特公司人力資源總監的普尼特．巴辛展開了一項他稱之爲「業績改善計劃」的方案，希望把邊緣員工從邊緣拉回來。諸如此類的計劃通常被稱爲進步訓練或糾正訓練。它們的中心內容是設置一段察看期以觀察表現不佳的員工，此間的所有工作活動都被記錄在案。這種記錄法以人道的方式給員工施加了壓力。透過制定一個不太高的目標讓員工爭取完成，表明公司並非一心想把他們逼上絕路。反過來，這些員工或許會看到恢復好名聲的一條康莊大道。然而，倘若他們仍然沒有改善業績，就爲解僱提供了理由。

2.「暗示—詢問—解僱」

被解僱從來不是件舒服的事，但「暗示—詢問—解僱」的方法依據這樣一種觀念：如果某人已經料到會聽到壞消息，那麼告訴他就比較容易。解僱通常以這一問題開始：「從對你進行察看以來你覺得你的業績如何？」大多數時候，員工都知道自己的表現不盡如人意，回答時就知道自己即將被解僱。這時，再證實這種懷疑：「是的，你想的沒錯，你將失去工作。」話一說完，再立刻提出另一個問題：「對此你怎麼看？」

接著員工通常會表示悲傷，但不會表示憤怒，當他們開始擔心即將被解僱時，他們卻更容易接受這種不可避免的事情。通常如果加以恰當提示，大多數人都能認識到將發生可怕的事情。出於某種原因，承認這種現實能夠消除最初的痛楚。

3. 勸說法

高科技諮詢公司SEI採取了另一種手法，力求減輕解僱造成的心理打擊。開除工作表現差的員工前，SEI的高層主管會竭力說服他們辭職。人力資源主管羅德．鮑斯韋爾說，這種方法使員工能夠不失尊嚴地離職，因爲決定命運的正是他們自己。這種辦法沒有痛苦地獲得了所需結果。舉例說，由於一位年輕的程式設計員一再拒絕佩戴公司識別證，鮑斯韋爾告訴這年輕人：如果不先辭職，他將被公司開除。結果，那人當天就跳槽了。

一些公司則盡量設法避免解僱員工。柯達公司的訊息總監托馬斯．奈斯沃納與其人力資源部門的代表一道制定了一項員工再培訓與再指派計劃，以便留住那些處境如同走鋼絲般岌岌可危的員工。

解僱員工的時候態度溫和極其重要。在解僱時看似無情或高興的領導者會有招致臭名聲的危險。如果解僱時不顧對方的尊嚴，任何一名員工都可能在背後議論僱主的過去，從而暗中破壞其目前的工作。解僱時毫不留情留下的惡名不僅會疏遠現有的員工，還會把未來的求職者嚇跑。關鍵在於一開始要處理好。解僱員工可能會影響領導者的名聲，但如果善待員工、憐憫而不失尊嚴地對待他們，你就沒必要擔心自己的名聲。

給你一個公司
你能賺錢嗎？
$
Can
Your
Company
Make
Money

對人投資是最有利可圖的

小公司對於優秀人才的依賴要比大公司大得多。

——（美）史蒂夫‧約伯斯

培訓的含義

培訓和開發活動，是人力資源管理的重要組成部分，是維持整個組織有效運轉的必要手段。及時地、連續地、有計劃地培訓和開發組織內部的人力資源，是保持和增進組織活力的有效的途徑。

培訓是一個自治採取的促進內部成員學習的正式步驟，目的是改善成員行爲，增進其績效，更好地實現組織目標。培訓管理從某種意義上說，是一個組織學習活動和提高學習效率的過程，是企業領導者和培訓專家依據組織策略目標制定培訓政策、籌劃培訓項目，並付諸實施的過程。從不同側面看，培訓有不同的含義。

1. 為實現組織目標服務

從培訓開發和組織目標的關係看，培訓過程首先應當有利於阻止目標的實現。培訓不是一種時尚，爲培訓而培訓是不會收到良好效果的，必須從組織的功能著手，找出對員工進行培訓的具體目標。如果一種培訓活動不能對組織目標產生積極的影響，就沒有理由展開培訓活動。必須考慮的另一問題時，對員工的培訓和開發，必須是實現組織目標的有效途徑。與可以幫助實現組織目標的其他方法和途徑相比，要考慮培訓是不是成本最小，或者障礙最小的方式。

再者，既然要求培訓支持組織目標的實現，那麼培訓活動應該從什麼角度幫助實現組織目標？幫助的程度究竟有多大？這也是必須認真分析和解決的問題。因此，當組織實施一項培訓計劃的時候，必須詳盡準確地分析培訓所耗費的成本，所能取得的收益。這會糾正實際培訓工作的偏差，使組織的培訓活動有效地促進組織目標的實現。

2.員工培訓和開發活動是員工職業發展的推動器

現代人力資源管理認爲，員工作爲組織成員，不但要爲實現組織目標而努力，同時也要努力使自己的人力價值增加，使自己的職業能力增加，把自己推向更高的職業發展階段。爲此，必須有一種可行的心理契約，即個人對組織的期望與組織對個人期望的承諾間，需要一種心理契約，這是組織凝聚力賴以形成的基礎。培訓和開發活動強化了這種心理契約；真正有效的員工培訓活動不僅能夠促使組織目標實現，而且能夠提高員工的職業能力，拓展他們的發展空間。因此，培訓和開發活動是員工職業發展的推動器。

3. 培訓是一種管理工具

不論何時何地，都應當把培訓看成是一種管理手段，而且是一種有效的管理手段，因爲它不是在消極地約束人的行爲，而是在積極地引導人的行爲。世界各地的企業每年培訓開發活動的經費數以百萬計，對這些巨額支出的效果，必須依據能否達到進組織所需要的工作能力決定。

領導者期望透過培訓和開發活動促進組織目標的實現，這一過程必須透過影響員工在特定工作情景下的行爲選擇完成。如果說接受培訓之後的員工工作績效有所提高，那就是透過行爲目標和方式的改進實現的。把員工培訓看成是一種管理工具，也就是要透過培訓員工塑造員工的合理行爲。

4. 員工培訓和開發是一種重要的投資方式

與傳統的人事管理不同，現代人力資源管理把員工視爲一種資源。

許多高科技公司沒有巨額的物質財富，但擁有具有先進科技開發能力，嫻熟管理技巧的員工，這些是公司賴以生存發展的最寶貴的資源。這種公司的發展壯大是難以阻擋的。微軟等企業的成長已證明了這一點。企業的培訓和開發活動，在增加受培訓者人力價値的同時，也使企業所擁有的人力資本得以增加。

在知識經濟時代的資訊社會裡，企業資產的增加不僅意味著物質資產規模的擴大，更重要的是資本增值能力的提高，以及對物質資本吸引力的增加。而這些，離開人力資源都辦不到。許多著名的跨國企業之所以捨得對員工培訓進行大規模的投資，正是因為意識到了這一點。在未來的企業競爭中，對人力資本的投資包括員工培訓投資，將是更有潛力、更有收益的投資方式，是保持競爭優勢和提高競爭地位的重要手段。

員工培訓的類型

不同的培訓對象和培訓內容，需要不同的培訓方式，從而形成了不同的培訓類型。實際工作中，培訓的類型多種多樣，並隨時間的發展而豐富。其中，從培訓內容出發進行培訓類型劃分，在實際工作中特別重要。

培訓內容的一般分類

員工培訓的完整內容是，透過各種引導或影響，從知識，技能，態度等方面改進員工的行爲方式，以達到期望的行爲標準。一個公司的員工培訓工作，應包括三方面的內容。

1. 知識培訓

透過這方面培訓，應該使員工具備完成本員工作所必需的知識，包括基本知識和專業知識。還應讓員工瞭解公司的基本境況，如公司的發展策略、目標、經營狀況、規章制度等，使員工能較好地參與公司活動。

2.技能培訓

透過這方面培訓，應該使員工掌握完成本員工作所必備的技能，包括一般技能和特殊技能，如業務操作技能、人際關係技能等，並培養開發員工這方面的潛力。

3.態度培訓

員工的工作態度對員工士氣及公司影響甚大。透過這方面的培訓，應該樹立起公司與員工之間的相互信任，培養員工的團隊精神，培養員工應具備的價值觀，增強其作為公司一員的歸屬感和榮譽感。

培訓內容的具體分類

知識，技能，態度，是培訓員工工作的三大內容。每一個方面的內容，又可以進行具體劃分。其中關於技能內容的劃分，對培訓工作有直接的指導作用。

1.最高層管理人員技能培訓

培訓內容主要是管理藝術培訓，包括如何指導下屬就職，如何完成特殊委派等；同時，也培養最高層的管理技能，如轉變管理體制和制定策略決策的方法等。

2.經理人技能培訓

培訓內容包括決策計劃技能和交流協作技能，時間管理，專案管理，輔導員工，制定工作目標和指導下屬等。

3. 主管技能培訓

培訓內容包括基本人際交流技能，執行政策，輔導員工，時間管理等。

4. 職業技能培訓

培訓內容包括各科專業技術培訓，處理緊急情況的技能培訓，電腦技能等專項技能（如財務，採購，工程）培訓等。

5. 行銷技能培訓

現代企業注重行銷工作，因而行銷技能培訓受到普遍重視。其內容包括培訓銷售人員，介紹新產品，提高銷售行銷經理人的規劃能力和市場調查能力等。

6. 安全和健康培訓

目的是在降低勞動保護成本的同時，確保工作場所的安全和人員健康，其內容越來越多地涉及如何處理工作壓力和建立健康的工作生活方式。

7. 新員工技能培訓

是爲確保新員工有一個良好開端而進行的工作技能培訓。設計的內容可以小到工作場所和操作方式的基本介紹，大到介紹公司文化的方面。

培訓的方式

員工培訓作為一種特殊的學習活動，有著特定的規律掌握這些規律，對於提高培訓活動的效率具有重要意義。從總體上而言，在員工培訓工作中，應該注重如下幾個方面。

1. 明確目標

人們的行為目標規範著他的行為方式。一般而言，高標準的目標總是比低標準的目標更容易導致高水準的績效。因此，培訓者的一個重要任務，是使受訓者認同培訓項目的目標。在實際操作中，有一些問題尤其需要注意。

首先，從培訓開始起，就要注意在每個關鍵時刻向被培訓者傳達學習的目標，建立起一種目標導向的學習模式。其次，在設計目標時要注意難度，一方面需要受訓者花費氣力方能達到，另一方面也不要太過困難，使受訓者無法達到。這樣的培訓項目才既有挑戰性，又不致使受訓者產生挫折感，影響員工的學習信心。為此，常常需要將整體目標分解為一個個子目標，透過小測試或樣本工作任務的事實，使員工不斷保持成就感。

2.行為示範

人們通常透過設立榜樣來表明什麼是理想的和恰當的行爲模式。如果榜樣的行爲能得到某種獎勵和補償，必然會強化與榜樣類似的行爲。在員工培訓中，爲了增加受訓者對榜樣的認同感，必須注意所樹立的榜樣與學習這個方面的人條件相似。最好使用關鍵行爲表，對榜樣的行爲進行清楚和詳細的描述。示範行爲應從易到難，而且要有一定的重複率。

3.事實資料

事實資料能使受訓者產生豐富的聯想，有利於受訓者理解和接受培訓內容。因此，應首先概述培訓主題，使受訓者理解培訓活動中相關題材之間的聯繫。然後盡可能使用較多的受訓者熟悉的事例來講授，以使學習要點鮮明生動。

4.親自實踐

積極地實踐是掌握所學知識和技能的重要環節。雖然這種做法會增加培訓成本，但是只有透過充分的實踐活動，員工所學的行爲方式才能成爲自然的行爲習慣，才能確保受訓者真正掌握所學內容。在培訓的初期，培訓者應該直接監督受訓者的實踐活動，以及時糾正受訓者的偏差，防止其錯誤固定化。透過培訓者的指導和調整，使員工所學的內容成爲一種條件反射，這對受訓者實現從學習到實踐的轉換是很有意義的。

5. 效果回饋

回饋也是提高培訓效果的重要一環。員工應該在其行爲發生後及時知道後果，並能夠將行爲與結果兩者緊密地聯繫起來。回饋的重點是告訴受訓者何時何地以何種方式正確地完成了何種工作。

回饋的方式是：

●直接給受訓者有關某行爲正確與否的訊息。從而提高調整今後行爲的依據。

●強調他人對自己學習的關注，以增強學習的動力和信心。

●回饋要及時，以防止受訓者混淆行爲因果之間的聯繫。

在實踐中，還要處理好正向回饋和負向回饋的關係。正向回饋給與補償，目的是強化受訓者正確的行爲。最有效的補償來源是受訓者的直接上司。負向回饋則是懲罰，它會導致對某種行爲的抑制。在培訓過程中，懲罰往往會引起受訓者強烈的挫折感。

優秀企業的培訓經驗

佳都：無處不在的培訓

佳都國際集團自一九九二年成立以來，已在中國大陸設立了十家分公司，並在香港、美國設立了分支機構，是中國大陸發展最迅速、最具活力的資訊企業之一。

在這十幾年中，人才的開發、利用及管理對佳都國際的發展發揮著至關重要的作用。佳都國際尤其強調對員工的培訓，在人力資源管理中，佳都把培訓放在首位。

1. 無處不在的「培訓」

佳都國際每個部門的職責明確，即使這樣，組織如此龐大的員工隊伍的培訓也不是件容易的事，並不是所有的培訓都由培訓經理人來完成，佳都國際首先把專業培訓分到各個部門。比如銷售人員有自己的銷售任務，產品經理人要想幫助銷售人員完成銷售任務，要想幫助銷售人員達到目標就要對他的成員進行銷售技能的傳授，這個過程就是個培訓的過程，所以這個部門經理人就是培訓師。而培訓經理人主要負責員工的入門培訓、企業文化的傳播等大的方面，同時對整個培訓進行統籌、協調、實施、跟進、評估。因此，佳都國際要求每個領導者都要成爲培訓師，從這個意義而言，佳都國際的培訓無處不在。

2. 完備的「外訓」系統

佳都國際已經建立了一套完善的外訓系統，這主要表現在兩個方面。

首先，佳都國際會定時請一些高階培訓師來授課，比如對員工的企業忠誠度、職業操守、管理的藝術等的培訓。這種「請進來」的方式效果顯著，尤其對企業難以解決的一些內部矛盾很有幫助，因爲，企業管理者在不少時候都是「當局者迷」的。

其次，公司會根據員工的需要送員工到外面的培訓機構去進行專門的培訓，比如去進行短期的課程培訓或是到大學接受再教育等，這種切合員工需求的培訓是最受員工歡迎的。

3. 培訓的藝術

員工最好的培訓師就是他的直接上司。國外有一分鐘的管理藝術之說，它包括一分鐘目標、一分鐘批評、一分鐘表揚，這其實比任何一種培訓都重要。舉個簡單的例子，員工完成了一項方案，作爲他們的上司能立即給予表揚，這樣員工不僅知道了這件事該這樣做，而且下次做得會更有熱情；如果方案不完善，上司的提醒會使他改進，從而改變錯誤的行爲方式，這種方法在培訓中是最直接有效的。不管是內訓還是外訓，佳都國際的最終目標都是使每一位員工都能在這種培訓下成爲行業裡最棒的。

4.培訓的價值

企業是否成功是以百年來算的，世界前五百大企業都超過了一百年。俗話說「十年樹木，百年樹人」，那麼以人爲本的企業不也得用百年來建立嗎？由此，一個企業如果想做「百年老店」，對員工的培養是絕對不能忽視的。

從領導者的角度而言，一個領導者是否成功，要看他的存在是否能使企業一如既往地朝良性方向發展下去。朝好的方向發展靠什麼呢？就是靠對企業員工的培養和訓練。就是基於這樣的認識，佳都國際才如此重視對員工的培訓。

IBM：做完美的IBM人

IBM是資訊產業中有代表性的企業，人們稱它爲「教育產業」。這是一個自員工進公司到離開公司都要經常反覆進行教育的公司。其教育方法也不同於一般公司的那種馬馬虎虎的教育。他們是徹底地將公司的方針灌輸到人們的心裡，以期培育成完美的IBM人，這點正是與其他公司的不同之處。

公司認為，透過對員工的反覆教育，不僅可以提高IBM員工的能力，也可以使員工具備作為一般市民的修養。

如果IBM的員工被評價為優秀市民，這也就是對公司的高度評價，其結果也與公司事業的發展相聯繫。

因而，在IBM，對臨近退休的員工，也要進行教育進修。不過，在這種情況下，進行的教育主要是一般修養方面的教育，而不是人事管理或加強營業方面的教育。說得更準確一些，是為了提高作為IBM的員工或作為曾在IBM工作過的員工所必須具備的教養和知識而舉辦的學習會。

若在一般的公司，就會認為「退了休的人，就沒事了」，恐怕不再考慮退休後的事。而IBM則希望得到「該人不愧曾是IBM的人，各方面都很幹練」的評價。IBM的退休人員確實在不斷增加。這些從IBM退休的人們分別去各地度晚年，在步入人生第二階段的時候，不知不覺間就會宣傳對IBM的信賴和表現出其所具有的智能。也就是說，把長期無償宣傳IBM的種子撒在全國各地，而IBM公司就是能看到這麼遠。

這種學習會常常邀請各界權威人士前來參加。因此，出席這種學習會的除了要退休的員工外，還有各部門的管理人員，有時甚至董事、經理人等也都會協同出席。

ＩＢＭ教育的特徵在於，不僅是現職人員，甚至連已經離開公司的人也作爲對象。員工在進公司的同時，首先必須接受新員工教育。新員工教育涉及ＩＢＭ各工種的大致情況，一般大約要進行三個月。

然而，進入公司後，從第一年到第三年之間，要實行一種稱之爲入廠教育的再教育，爲造就ＩＢＭ人而逐步地「加工」。五年後，還要接受骨幹員工教育。

這樣雖然經過了充分訓練，但是在這個期間，還要隨時參加很多討論會、學習會、講演會等，所以，如果認爲在入廠教育後就「不會再有進修了」，那就大錯特錯了。

洞察下屬的學習需求

瞭解下屬的學習態度

下屬如果有幸在熱心教育的主管底下工作，定能增進能力，比起在不熱心教育的主管底下工作有利多了。因不熱心教育的主管不願多花時間訓練下屬，在他們心目中認爲教育訓練等於是浪費時間。這二者相較之下，前者定可造就高水準的績效，這種成果是由主管對屬下的教育關心而來的。

由測驗結果得知，下屬人員對主管的熱心教育程度也有意見：

1. 若僅能循老經驗依樣畫葫蘆學習，自己的工作到底與其他工作有何關聯，自己都不清楚，如此蕭規曹隨般地工作總有令人厭煩的一天，最好能更廣泛地教導。

2. 把握工作重點，並教導我們應使用何種方法才能與其他部門相配合。

3. 希望能詳細教導我們有關其他部門的工作。

4. 多給我們學習、研究工作的機會。

5. 希望訓練我們從事上級的工作。

下屬人員可由主管處學到對工作的認識與做法，並可由老前輩處學習實際工作方法，且在吸收技術與知識的過程中學會如何經營企業，思考工作時可能會產生何種問題，同時明白一切作業都要配合實際工作情況。舉例讓他們學習，這種經驗可使員工對於將來可能發生的問題增加預測能力，讓他們發揮解決問題的智慧。

不過有時亦可採取放任的態度，配合其成熟度給予適當的工作，此後再訓練他更高一級的知識與技能。在這種教育訓練過程中，不能過分呵護，否則會抑制他們的成長。有時不妨撒手不管，養成他獨自研究的習慣，訓練個人的執行力，這點很重要。你不妨出個研究的題目讓他自行解決，有時也可反問他：「依你看應如何？」即使下屬失敗了也不要急著過去幫忙，直到他獨自克服困難為止。這種做法也許稍為嚴苛，卻很有價值。員工由於自己的努力而解決了問題，內心將充滿成就感，更會領悟到只要努力就能完成事情的道理，使他慢慢產生自信心。

對於過分呵護的主管，下屬認為既然你已給予我這份工作，就應讓我獨立完成，否則等於扼殺了我的成長，主管絕對必須注意此點。

讓下屬產生學習的心理需要

這是有關自我啓發的問題。所謂自我啓發，意思是說，爲了提高個人的能力，自擬計劃而實行，以便達到某個目標。

在學生時代，任何人都有一些擅長與不擅長的學科。例如，喜歡英文的人，總是自動購買參考書，上電視講座的課。討厭英文的人，即使父母如何激勵，就是鼓不起勁來，對參加補習或是請家庭教師，都抱著「退避三舍」的態度。因此，英文成績總是不與「努力」的程度成正比，常常爲低分而大爲頭痛。

從這個體驗不難知道，自我啓發的特徵，在於喚起學習意願。因此，開發能力的根本，在於自我啓發。

話是這麼說，自我啓發也有缺點，那就是，只學習自己有興趣的事。另外，學習意願的程度，以及藉此想達成的目標（水準），也因人而迥異。

因此，管理幹部（管理人員）在平時就得對「希望做什麼工作」之類的事，有個詳盡的瞭解，對部屬的希望、能力、性格等等做全盤的分析。

然後告訴部屬說：「你如果要做你一心想做的業務，就得對目前所做的工作中的那些部分，多花些時間努力學習。」

如此這般，在適當時機要做這樣的指導，好讓他對工作發生興趣，自動產生學習的意願。

你應有的解決方法是要解決你的問題，就得依照下列方法處理。

1. 好好反省下面缺點：是不是從不考慮到部屬的願望與意向？是不是只站在自己的立場，片面認爲部屬應該對目前的工作再下工夫，不必談其他？是不是只知以說教方式，勸他說：「從事任何工作都要自己拿出熱忱來學習。」

2. 工作分配時要考慮到讓部屬負責一直想做的工作。即令無法馬上做到，至少也要有「待機而行」的計劃。

3. 部屬如果希望做某種工作，你就先給他一些課題，讓他去研究。事後，還得令他提出研究報告，並且給以適切的指導。

4. 如此反覆，讓他體驗到「學習的樂趣」。

鼓勵成員的進取精神

下屬做工作，必須有些進取精神，這樣才能把工作做得更好。但話是這樣說，能一以貫之地做到積極進取，卻不是一件容易的事。有人雄心勃勃，矢志進取，但一朝受挫就意志消沉一蹶不振；有人一時成功就洋洋得意，結果不思進取。由此可見，要積極進取確實不易。

所謂進取就是不斷地奮鬥，這正是一個人的活力所在，也是一個團體的活力之所在。領導者的領導能力如何，一個重要的方面就是看其下屬的士氣如何、進取精神如何。激勵進取既是下屬成功的關鍵，也是團體使管理事業成功的關鍵。

對於那些易滿足於現狀的人，要讓他們看到還有更美好的東西還等著他們；對於那些一有成績就驕傲的人，要告誡他們，這只是萬里長征走完了第一步，以後的路還很長很長；對於那些易受挫折的人，要告訴他們「不要爲打翻的牛奶瓶而哭泣」，明天太陽依舊從東方升起。這樣的領導者才會是一個成功的領導者。

明朝名臣張居正最後爲朝廷重用，並進行了一場轟轟烈烈的改革，但若沒有他人的指導和激勵，也就不會有後來的輝煌。張居正少年得志，在十三歲參加省裡的考試時，主考官見其文章，拍案叫絕，並準備授予「舉人」。這時，湖廣巡撫顧璘正巧來到這裡，看過張居正的文章後也讚歎不已，忽然他叫道：「讓其落第。」原來，顧璘是這樣想，自古少年得志者最後成大業的極少，於是故意不錄取他，殺一殺他的傲氣。

張居正見榜後，傲氣頓減，開始反省自己的錯誤，不斷地進取，終於在三年後取得舉人。張居正的成功也說明了進取的重要性，而這一點正是深益於其「老上級」顧璘的鼓勵。

給你一個公司 你能賺錢嗎？

Can Your Company Make Money

決

策

不能在沒有選擇的情況下，作出重大決策。

——（美）李·艾柯卡

Can Your Company Make

給你一個公司，你能賺錢嗎

？

理性的決策方法

發展理性方法以指導個人決策的必要性在於許多領導者被觀察到在組織決策中表現出不系統和任意的行爲。依據理性方法，決策過程可分解爲下列八個步驟。

1. 監控決策環境

在第一步，領導者監控能夠顯示行爲與計劃或可接受程度相偏離的內部和外部訊息。領導者與同事進行交談並一起檢查財務報表、業績評價、行業指標、競爭對手行爲。例如，在關鍵的爲期五周的聖誕節銷售旺季裡，美國太平洋百貨公司的總經理，就列出商場周圍的競爭對手，觀察他們是否進行折價銷售，同時審視自己商店連續的每天銷售紀錄以瞭解經營形勢的變化。

2. 界定決策問題

領導者透過識別問題的必要細節而對偏離做出反應，這些細節包括：在什麼地方、什麼時間、誰涉及到這個問題、誰受到影響、目前的活動受到如何的影響。對美國太平洋百貨公司而言，這意味著確定商店利潤的下降是否因爲總體銷售額不如預期或是因爲某一商品類別沒有如期望的那樣周轉迅速。

3.明確決策目標

領導者決定透過決策應該達到何種績效目標。

4.診斷問題

在這個步驟，領導者透過圖表深入分析問題成因。爲便於分析可能需要收集額外的數據。理解問題的成因有利於找到恰當的應對措施。如對美國太平洋百貨公司而言，銷售額下降的原因可能是競爭者的價格折扣或店員沒有成功地將熱銷的商品擺在顯著的位置。

5.提出備選解決方案

領導者拿定主意行動之前，他必須對能夠實現期望目標的多種可行方案有清楚的理解。領導者也可以從別人那裡尋求好的主意、建議。美國太平洋百貨公司提高利潤的可選方案包括購買新商品、加速商品周轉或減少員工。

6.評價備選方案

這個步驟包含利用統計技術或個人經驗以評價備選方案的成功機率。對每一備選方案的優點和實現期望目標的可能性都要進行詳細的評價。

7. 選擇最優的備選方案

這一步驟是決策過程的核心，領導者利用他個人對問題、目標、可選方案的分析，選擇一個有最大成功機率的具體方案。美國太平洋百貨公司可能會選擇減少員工人數，而不是增加廣告投入或實施價格折扣以實現利潤目標。

8. 實施選定方案

最後，領導者利用管理、行政、勸導力量和給予指導以確保決策的實施。一旦開始執行，監控活動（步驟一）又開始發揮作用。對於美國太平洋百貨公司總經理而言，決策循環是一個連續的過程，其每天的決策制定都基於對環境不斷的監測以發現問題和機會。

這一順序中前四個步驟是決策程序的問題識別階段，後四個步驟是問題解決階段。領導者在決策中一般都經過這八個步驟儘管每一步不一定都是單獨出現。領導者可以憑藉經驗知道在某種具體環境中如何應對，所以可能會有一個或幾個步驟是無足輕重的。

理性方法對程式化決策，當問題、目標、可選方案定義清楚，決策者有足夠時間作有條理、深入的考慮時較爲適用。當決策是非程式化的、定義含混的，領導者仍可嘗試採取理性的方法，但他必須更常依賴經驗和直覺。對理性方法的偏離可解釋爲有限理性方法。

有限理性的決策方法

當組織面臨較少的競爭並處理容易理解的問題時，領導者一般使用理性方法做決策。但對管理決策的研究表明，領導者經常無法遵從理性的決策程序。在當今競爭性的環境中，決策必須快速做出。時間壓力、大量的內外因素都會影響決策，許多問題模糊定義的性質使系統的分析實際上並不現實。領導者只有那麼多的時間、精力，不可能評價每個目標、問題和可選方案。理性決策的嘗試被許多問題的無限複雜性所限制。

大型的組織決策不僅僅是過於複雜而不易完全理解，而且有許多其他的限制加於決策者身上，如模糊的外部環境，對社會文化的需求，對所發生事情的共識，接受與同意等等。例如，在古巴導彈危機的決策中，白宮決策委員會知道有問題存在，但不能明確決策的準確目標。對決策的討論將導致個人反對，最終達成有助於明確行動程序和可能後果的期望目標。另外，個人的局限性——諸如決策方法、工作壓力、聲望渴求或只是簡單的不安全感——都將會限制尋求可選方案的努力和對可選方案的接受程度。所有這些因素限制了個人決策對完全的理性方法的追求，而理性方法應能導致一個明顯的理想選擇。

有限理性方法經常與直覺決策過程相聯繫。在直覺決策中，個人使用經驗和判斷而不是順序的邏輯或清晰的推理作決策。直覺並不是非理性的或任意的，因爲直覺一般都基於個人多年的實踐和經驗，通常是累積於潛意識中。一位領導者基於處理組織中問題的長期工作經驗，使用直覺決策將更快地認識、理解問題並產生什麼樣的方案會解決問題的強烈的預感或知覺，這將使決策過程得以加速。

在高度複雜、模糊的環境中，在決策的識別問題階段和解決問題階段都需要以前的經驗和判斷以涵蓋那些無形的因素。一項對領導者感知問題的研究顯示：三十三個問題中有三十個是模糊的、定義含混的。非正式來源的細節、瑣碎的不相關訊息導致領導者觀念方法的形成。領導者不能「證明」問題的存在，但直覺地知道某一區域需要加以注意。對複雜問題過於簡化的認識易於導致決策失誤，研究顯示領導者更傾向於依賴直覺對組織面臨的威脅進行感知而不是對機會做出反應。

直覺程序也應用於問題解決階段。一項調查發現領導者經常在不太清楚其行爲對利潤或其他可衡量結果的影響時做出決策。許多無形的因素——例如對其他領導者的支持、對

失敗的恐懼、對社會態度等的個人關注——影響了最優方案的選擇。這些因素無法以系統的方法被量化，所以直覺指導著解決方案的選擇。領導者依據他們覺得是正確的方法而不是基於大量數據的公式化方法作決策。

許多重要的決策——其中一些相當著名的案例都是基於直覺和本能而做出。例如，依據數據分析的研究者警告電影導演選擇把《星際大戰》作爲其影片的片名將影響票房收入，但該影片的導演堅持其直覺說，這個片名將一炮打響。

領導者可能會在兩個極端：不經謹慎研究就專斷地決策，或過於依賴在數字和理性分析中穩妥地行事。要記住有限理性和直覺決策方法主要應用於非程式化決策。非程式化決策新奇、模糊、複雜的方面意味著大量數據和邏輯順序無法應用。一項關於領導者決策行爲的研究發現，領導者只是簡單地無法應用程式化方法對非程式化問題進行決策，例如整個醫院何時購買儀器或一個城市是否有必要、有能力採用一套數據處理系統等情況。在這些例子中，領導者的時間、資源有限，有些因素不能被簡單地量化和分析，試圖量化這些訊息會導致錯誤，因爲這樣做將會過於簡化決策標準。

程式化決策與非程式化決策

組織決策也常常被正式定義為識別和解決問題的過程，這個過程包括兩個主要階段。問題識別階段是檢驗關於環境和組織狀態的訊息以確定業績是否令人滿意，並診斷所出現問題根源的階段。問題解決階段是考慮多種可選行動方案並挑選和實施其一的階段。

組織決策因問題複雜性而變化，並且大致可分為程式化決策和非程式化決策。

程式化決策

程式化決策意味著問題是重複出現的、定義清楚的，存在著解決問題的程式。因為業績衡量標準通常很清晰，關於目前業績有充足的訊息，能夠區分備選方案，選定方案成功的機率較大，所以它們之間有清晰的結構。程式化決策的實例包括了決策規則，比如何時更換辦公室影印機、何時報銷領導者的差旅費，或申請人是否有從事生產線作業的專業資格。

非程式化決策

非程式化決策意味著問題是新奇的，難於定義的，不存在解決問題的即有程式。當組織沒有認清問題之前或不知如何應付之時常使用非程式化決策。清晰的決策標準並不存在，可選擇方案混雜零亂，是否存在理想的解決問題的方案並不確定。一般很難爲非程式化決策找到備選的解決方案，所以解決方案一般是依問題而定。

許多非程式化決策牽涉到策略計劃。例如美國西北航空公司公司的新任首席執行長湯姆森決定停飛四十一架飛機，削減四千二百個工作機會，廢止機票折扣作爲使經營不佳的公司重新營利的策略措施。湯姆森和其他高階主管不得不分析複雜的問題，評價可選方案，對如何使公司重新營利做出選擇。

特別複雜的非程式化決策被稱爲「乖戾」的決策，因爲單是定義問題就可能轉變成一項主要的任務。乖戾的問題與領導者在目標和可選方案上的衝突、快速變化的環境、決策因素之間不清晰的聯繫相關聯。處理一項乖戾的決策的領導者可能碰巧能夠解決問題，但這只能證明他們在開始之前就錯誤地定義了問題。

因爲迅速變化的商業環境，今天的領導者和組織正面臨比例越來越高的非程式化決策問題。現在的環境提高了所需決策的數量和複雜性，創造了對新的決策過程的要求。一個環境如何影響組織的例子是最近最低薪資的增長的問題。CE公司的領導者估算增加薪資會減少大約二十五%或更多的經營利潤，正在考慮其他備選方案如裁減工作或是提高價格以適應新環境。另一個例子是全球化，向低薪資國家或地區轉移生產的趨勢使美國的領導者在決策的道德中掙扎：是關注第三世界國家工人的勞動環境，還是考慮美國本土的製造業的工作喪失。

決策與魄力

在猶豫不決時，領導人首先要找出拖延的主要原因，才能對症下藥，著手改進。可以首先列出幾個懸而未決的決定，然後認真分析，看這些問題爲什麼會進入決策系統，是從哪裡進入的，並且要找出共同的原因。接下來要判斷問題的解決是否在自己的權力範圍內。如果是，就立即動手解決，如果不是，問題的解決還要依賴其他人的支持。這時可以設法製造一個能使決策過程的改進迫在眉睫的事件，並且要準備與對改革有最大影響力的人公開對話，不要漏掉每一個對改革有影響的人。可以將自己的改革建議與理由寫成文稿，並舉出特例，以增強說服力，而且自己的改革建議應包括兩三個可供選擇的方案。

在改革決策過程的方法中，可以有以下幾種選擇：

1. 組建高效率的團組，以便依靠團組的力量形成更好的決策方法。這個小組應當反映那些使決策過程被拖延的各個團組和部門的狀況。

2. 使重大決策的範圍縮至最小。這個範圍應能保證取得很大的成功，以便樹立信心，爲下面的改革提供支持。

3. 下調制定決策的層次。發掘企業中的能幹、守信、有責任心、高素質的人才，給予他們相應的決策權，同時也要有制衡機制，防止這些人做出對企業不利的決定。

4. 把決策過程劃分爲逐步遞進的小步驟。讓決策者作出第一階段的決策，給予他們制定決策的機會，培養他們制定決策的能力，注意在與他們的交往中介紹情況，提供建議。當他們成功地制定了決策時給予鼓勵。

在你改進決策過程時，還要注意以下的問題，以免出現差錯。

1. 不要把猶豫不決、拖延看作是別人的過錯，不然，就沒有人敢於提出自己的想法了。認真分析幾個決策過程後，你會發現，事先準備的充分與否以及呈報時的陳述方式都會對決策產生很大的影響，有時甚至成爲阻礙決策的主要因素。因此，有必要培養他們學會如何使重要的訊息引起別人的注意，將自己的想法、計劃、提議或報告明確清晰地闡述出來。

2. 要注意是否是全體員工都有躲避發言的行爲。如果是，就讓大家共同討論爲何躲避，想辦法使全體員工學會採取行動，邁出前進的步伐。最好的辦法是讓大家共同參與，共同設想如何採取辦法付諸行動。這時你組建的小組對解決這個問題會有很大的幫助。

決策與遠見

對於一個企業的管理而言，他所做的計劃越長遠，所牽涉的因素也越多，包括各項政治、經濟因素，公司內外的變動等，這些都不是能夠用數字去測量的。因此，在做長期計劃時，無論如何謹慎，少許的偏差仍是不可避免的。

一個公司的組織、目標、優點、企業特色等等，總不可能從天而降，而常是由管理階層和管理階層經過不斷討論、分析所得來的結果；所以，長期的系統性計劃固然對那些關鍵性問題的解決有影響，但是，實行計劃的終究是人，個人因素的影響，是絕對無法避免的。

對於企業領導人和企業的關係，英國蓋洛普公司雷伊．傑第斯舉了下面兩個比喻來解釋。

在數百年來的戰爭史中，我們發現：將領的才能對戰役的成敗有極大的影響力，即使在武器進步的現代戰爭中亦然。競爭激烈的商業戰場上的企業家們也正如戰場上的將軍。技巧高超的音樂家、畫家比比皆是，但能夠運用這些技巧去創造真、善、美藝術的，才能成為偉大的藝術家。

同樣地，擁有企管專業知識的人比比皆是，但能夠善用這些知識的人，才能成為傑出的領導者。

知識是可以傳授的，但巧思與靈感能否由學習而得，仍是個待解決的問題。傑出的領導者對於一個企業，猶如無價之寶。即使預測將來無法完全正確，但「遠見」仍是一個企業成敗的關鍵。

這件工作做得越好，公司的發展就能越順利。先見之明同時也能使公司在預見困境時，早作打算，甚至發揮影響力，改變未來。

正如義大利名諺所說：「把握現在便是創造未來。」畢竟，企業環境是人所造成的，也必須受人為因素的影響，優秀的企業甚至能改變未來，而造福社會。

總之，作為領導人和決策者，必須做到：

1. 超越數字表格的估量，而看向更遠的未來。
2. 除了預算表上明列的所需資料之外，為將來多儲存一些資料。

決策與機會

見微知著、敏銳果斷，就是在競爭中密切注視每一個細微的變化，並分析出其內在的本質，判斷事物的發展方向，然後做出敏銳果斷的決定，使自己領先一步，抓住機會，取得成功。

而且機會的產生也並非易事，因此不可能每個人什麼時候都有機會可掌握。而機會還沒有來臨時，最好的辦法就是：等待，等待，再等待。在等待中爲機會的到來做好準備。一旦機會在你面前出現，千萬別猶豫，抓住它，你就是成功者。

耐心等待是一個很不錯的辦法，許多領導者都深深地懂得它的重要性。他們都極富耐心。他們知道，等待會使他們取得意想不到的成功。敢於冒險對於決策者而言很重要，做到這一點有兩種方法：

1. 要肯做「不賺錢的買賣」

世界「假日飯店之父」、美國巨富威爾遜在創業初期，全部家當只有一台分期付款「賒」來的爆玉米花機，價值五十美元。第一次世界大戰結束時，威爾遜的生意賺了點錢，便決定從事土地生意。當時做這一行的人並不多，因爲戰後人們都很窮，買土地修房子、建商店、蓋廠房的人並不多，土地的價格一直很低。

聽說威爾遜要做這不賺錢的買賣，一些朋友都來勸阻他。但威爾遜卻堅持己見，他認爲這些人的目光太短淺。雖然連年的戰爭使美國的經濟衰退，但美國是戰勝國，它的經濟會很快復甦的，土地的價格一定會暴漲，賺錢是不會成問題的。威爾遜用自己的全部資金再加一部分貸款買下了市郊一塊很大的土地。這塊地由於地勢低窪，既不適宜耕種，也不適宜蓋房子，所以一直無人問津。可是威爾遜親自去看了兩次之後，便決定買下那塊雜草叢生的荒涼之地。

這一次，連很少過問生意的母親和妻子都出面干涉。可是威爾遜卻認爲，美國經濟會很快繁榮起來，城市人口會越來越多，市區也將會不斷擴大，他買下的這塊土地一定會成爲「黃金寶地」。

事實正如威爾遜所料，三年之後，城市人口劇增，市區迅速發展，馬路一直修到了威爾遜那塊地的旁邊。大多數人這才突然發現，此地的風景實在迷人，寬闊的密西西比河從它旁邊蜿蜒而過，大河西岸，楊柳成蔭，是人們消夏避暑的好地方。於是，這塊土地身價倍增。許多商人都爭相出高價購買，但威爾遜並不急於出手，真是叫人捉摸不透。

其實這便是成功經營者高明的地方，威爾遜自己何嘗不知道這塊土地的身價，不過他看得更遠。此地風景宜人，必將招來越來越多的遊客，如果自己在這裡開個飯店，豈不比賣土地更賺錢？於是威爾遜毅然決定自己籌措資金開飯店。不久，威爾遜便蓋了一座汽車飯店，取名爲「假日飯店」。假日飯店由於地理位置好、舒適方便，開業後，遊客盈門，生意興隆。從那以後，威爾遜的假日飯店便像雨後春筍般出現在美國與世界其他地方，這位高瞻遠矚的人獲得了巨大的成功。

做生意如同下棋一樣，平庸之輩往往只能看到眼前一兩步，而高明的棋手則能看出後五、六步甚至更多。能遇事處處留心，比別人看得更遠，這樣做出的決策才可能切合市場發展的需要，達到決勝於千里的目的。身爲現代企業的管理，必須在這方面多下工夫。

2.要敢於相信自己的商業直覺和眼光

世界飯店大王希爾頓一生有三條原則：信仰、努力和眼光。不論做哪一行，若想做得比別人更出色，他認爲首先必須具備高瞻遠矚的目光，唯有如此，才可做出正確的決策。把握不了市場的變化，看不出行情的發展趨勢，決策便很可能失誤。

即使最優秀的領導者也會不可避免地作出一些錯誤的決策。對此，鋼鐵業巨頭肯·埃弗森有過一段精闢的論述：「從哈佛取得企業管理碩士可以說是不錯的了，可是他們所作的決策有四〇%都是錯誤的。最糟糕的領導者作出的決斷則有六〇%是錯誤的。」在埃弗森看來，最好的和最糟的之間只有二〇%的差距。即使經常出現差錯，但也不能因此就懼怕作出任何決策。

埃弗森認爲：「管理人員的職責就是作出種種決策。不作決策，也就無所謂管理。管理人員應該建立起一種強烈的自尊心，積極地敦促自己少犯錯誤。」如果掌握了正確的思路，領導者們完全可以把錯誤率降低。正確的思路即是對決策的難易程度做到心中有數。處理棘手的問題一定要格外謹慎。身爲管理者，尤其要注意下列三個方面的問題：

1. 決策時務必全面掌握訊息

參加競爭必須謹慎有時候出於種種原因，我們還沒來得及掌握全面的情況，就不得不憑直覺做出各種決策。在這種情況下做出的決策極可能是錯誤的。

2. 切莫過分自負

自信給人勇氣，使人做出大膽的決策。自負則是自不量力，毀人毀己。特別是生意場上會時時傳來各種好消息與壞消息。我們常因好消息而忽略了壞消息的存在。

設想爲了把一種新型洗髮精投放市場，我們做了一個市場調查。調查結果顯示，五十八%的消費者對這種洗髮精表示認可。這是一個令人鼓舞的數字，它說明超過一半的消費者會去購買這種產品。

不過，事情還有另一面。四十二%的消費者不喜歡這種洗髮精，說明有將近一半人會拒絕使用該產品。人們往往只見那五十八%，而看不見這四十二%。他們沉浸在五十八%所帶來的喜悅之中。殊不知，如果他們再稍微關心一下那四十二%，結局也許會更完美。

好消息就這樣把你帶入自滿、自足的境地。它能削弱人的積極性、上進心。

另外，好消息帶來的盲目樂觀也會給公司經營帶來不利。但如果得到的是壞消息，效果就截然不同了。有人舉辦了一場體育比賽，計劃獲利五萬美元。但實際結果卻與設想大相逕庭，主辦者反而賠了五萬美元。消息傳開，上上下下爲之動容，大家會紛紛要求削減開支，裁減冗員，甚至一張紙也不會輕易浪費。令人不解的是，爲什麼在有利可圖的時候大家想不到節約，而非要等到火燒眉毛的時候才作「何必當初」的感慨呢？

3. 不要墨守成規

生意場上最可怕的是認爲萬事不變，顧客不會變，他們會一如既往地購買自己的產品；委託人不會變，他們永遠覺得你真誠可信；競爭對手不會變，他們將永遠停留在原來的實力水準上。

成功的領導者絕對不會有墨守成規的想法。他們知道敏銳的洞察力和快速的反應能力是事業成功的關鍵。尤其在當今政治、經濟飛速發展的時代，快速的應變能力尤爲重要。

許多人在做出決策的時候往往只憑經驗，不去想想環境發生了什麼變化。他們會憑幾年前的失敗經驗告訴你：「老兄，五年前我就這麼做了，根本行不通。」他們沒有想到，五年後情況發生了變化，以前不適用的做法現在沒準是恰逢其時。

還有一種人，他們死死抱住以前的規矩，不敢越雷池一步。他們頑固地認爲：「這個方法五年前有效，現在當然還有用。」在他們眼裡世界是靜止的。

因此，每當你做出新決策前，千萬不要犯墨守成規的錯誤。不要以爲你以前失敗過現在還會失敗，也不要以爲，你以前成功過現在還會成功。

避免個人獨斷

設在美國特拉華州維明頓的杜邦公司是世界上最大的化學公司，其產品包括化纖、生物醫學、石油煤礦開採、工業化學、油漆、炸藥、印刷設備等十八種，年銷售額達三百多億美元，世界上大多數國家都有它設立的分支機構。

以「化學大王」而著稱的「杜邦財團」之所以能長期在世界化學工業中雄踞霸主高位並躍入世界最大工業公司之林，就在於它經營的靈活性、預見性、適應性。

早在一九〇三年，杜邦公司就建立了美國第一家集體管理的執行委員會，以一群人來取代一個人進行決策。

這個執行委員會經過多年的探索和改革，形成公司現在的經營管理執行機構。這個機構是由二十七位董事組成的董事會，董事會每月召開一次會議。會議完畢期間，由正、副董事長，總經理和六位副總經理組成的執行委員會，集體分工負責日常的經營管理決策和推行行銷策略，每週星期三是執行委員會會日，先審議日常的業務活動以及決定處置的辦法；正式議程則是聽取和審閱各部門管理的業務報告，內容包括生產情況、業務進展、市場銷售、效益、存在問題、建議等，並進一步採取的措施和對策進行討論；最後做出決議。對於有爭議問題的處理採取少數服從多數的方法來表決，複雜的問題則需反覆協商確定。

爲了使公司的經營決策建立在可靠的基礎上，杜邦公司還重金聘用受過專門訓練的經濟學家組成經濟研究室，以此作爲公司的「顧問團」和「資訊加工中心」。經濟研究室的專家對公司的經營情況相當熟悉，他們透過全國乃至全世界經濟發展的現狀、結構、特點、發展趨勢的調查和研究，特別是對與公司產品有關的市場動向的分析，預測與公司將來利益相聯繫的經濟動向。經濟研究室每月還要出兩份刊物：一份公開發行，發行對象是公司的主要供應廠商和客戶，主要內容是報導有關的訊息資料，諸如黃金價格、利率變動等；一份內部發行，主要內容是專題研究，如短期和長期的、局部或全局的策略規劃，市場需求量、公司和競爭對手之間的比較性資料以及公司內部的經營狀況等。

現在的企業，特別是大企業的內外環境複雜而又變化多端，像杜邦公司這樣在重大問題上採取集體決策，顯然要比一個人獨裁、單人負責拍板定案的方式穩妥得多。人眾眼多，易於看見航行中可能碰上的暗礁，從而繞道行駛，以避免和減少風險。

群體決策要以個體心理為基礎

實行群體決策需要考慮決策成員的心理，在此基礎上的決策方案才能有效。請看下面的例子。

經過兩周的管理技能訓練後，重新回到工作上的史帝夫急切希望運用新學到的知識和技能。史帝夫星期一早上上班時，上週末的決策訓練課依然歷歷在目。「我們原來的決策方法確實需要改進一番！」他想。他離開工作去參加訓練之前，就遺留許多問題沒有解決。而眼下，部門裡又「冒」出許多問題亟待解決。

其中一個問題老闆催促了好幾次，史帝夫也覺得不能再拖下去了。他想：「這又是我採用『完全民主式』決策方法的好機會。我想他們一定會同意我這樣做的。事實上，他們對於自己所做的工作非常明瞭，由他們自己提出的新的工作任務標準一定比我打算制定的還高。這兩天就讓他們討論決策去吧，我也可以抽出時間去處理其他一些事情。」

史帝夫管理監督著五個人，他們的工作任務是安裝和檢測生產線上的電腦。雖然現在在電腦系統的幫助下，生產線上的檢測循環時間已大大縮短，但他們仍然在按幾年前制定的老工作標準完成工作。史帝夫覺得這次是讓員工參與決策的絕好機會。

史帝夫很快就向那五個工人公佈了這件事情，他告訴他們由於電腦的使用、工作任務標準需要重新制定。他要求他們討論一下這件事，並把討論結果在星期二下午五點鐘之前告訴他。這五人對此非常感興趣。專門在星期一晚上安排一小時進行討論，甚至午餐和喝茶都在談論這件事。

但第二天下午，他們的討論結果卻讓史帝夫大吃一驚。他們認爲任務標準應當再降低二〇%。他們說：「我們感謝電腦使得我們的檢測工作變得似乎容易一些，但是生產線相對而言卻越來越複雜了，當你已經習慣了某種工作方式後，原定標準的改變會使得你的工作一切從頭開始。」

史帝夫知道，老闆決不會接受他們提出的降低任務標準的要求。但是他既已讓員工自己進行「決策」，又怎能斷然否定他們的決策結果呢？「我如何才能擺脫這個尷尬的局面呢？」史帝夫很痛苦。

從以上這個反面的例子中，我們可以看到，史帝夫進行的群體決策完全沒有考慮決策成員的心理因素，在群體決策過程中，領導者必須考慮，決策成員以下幾方面影響決策的心理因素：

1. 對矛盾衝突有不和諧的結構

很明顯，史帝夫與他的下屬對標準的制定是從不同的角度考慮的，在這樣不同的出發點上，存在著矛盾，構成了群體決策的不和諧。於是，決策方案必定不會被所有人接受。

2. 站在自我立場考慮。

上述故事中主管與下屬都是以自我爲中心考慮決策方案的，只是在想制定新的標準對自己的影響是什麼，並未將其客觀地全面地分析，這也是造成決策無效的原因之一。

3. 依靠過去的經驗。

決策中很大的一個影響因素就是過去的決策結果，以個人的經驗來判斷新的問題時，以往的結果肯定會重複出現。

其實，上述故事的史帝夫公完全沒有必要針對這個問題與其五位下屬進行所謂的「群體決策」，他更應該將他的五個下屬作爲搜集訊息的對象。當群體決策不適用某一特定問題時，領導者更應當考慮「個人決斷」的好處了。

林肯在就任總統後不久，有一次將六個幕僚召集在一起開會。林肯提出了一個重要方案，而幕僚們的看法並不統一，於是便熱烈地爭論起來。林肯在仔細聽取其他六個人的意見後，仍感到自己是正確的。在最後決策的時候，六個幕僚一致反對林肯的意見，但林肯堅持自己的意見，他說：「雖然只有我一個人贊成，但我仍要宣佈，這個方案通過了。」

表面上看，林肯這種忽視多數人意見的做法似乎過於獨斷專行。其實，林肯已經仔細地瞭解了其他六個人的看法並經過深思熟慮，認定自己的方案最爲合理。而其他六個人持反對意見，只有一個人是反射式的反對，有的人甚至是人云亦云，根本就沒有認真考慮過這個方案。既然如此，自然應該力排眾議，堅持己見。所謂討論，無非就是從各種不同的意見中選擇出一個最合理的。既然自己是對的，那還有什麼猶豫的呢？

在企業，經常會遇到這種情況。新的意見和想法一經提出，必定會有反對者。其中有對新意見不甚瞭解的人，也有爲反對而反對的人。一片反對聲中，領導者猶如鶴立雞群，陷於孤立之境。這種時候，領導者不要害怕孤立。對於不瞭解的人，要懷著熱忱，耐心地向他說明道理，使反對者變成贊成者。對於爲反對而反對的人，任你怎麼說，恐怕他們也不會接受，那麼，就乾脆不要寄希望於他的贊同。

重要的是你的提議和決策是對的，只要真理在握，就應堅決地貫徹下去。決斷，是不能由多數人來作出的。多數人的意見是要聽的；但做出決斷的，是一個人。

規避決策的陷阱

上海大眾公司（福斯汽車）：欲速則不達

在決策過程中，沒有對所收集的情報進行系統的科學分析，不深入研究決策過程中出現的各種情況，就匆忙地下結論，做出決策，往往達不到目的。

在戰場上，往往一步之差決定勝負。在商場上同樣如此，比別人先一步進入市場，可能就是熱門貨，反之就是冷門貨。在市場競爭中，只有「快」才能抓住有利時機。但是世界上沒有絕對的東西，任何正確的東西都有一個適用的範圍，超越了這個範圍，真理就會變成謬誤，如同外國諺語所說的那樣：「先行一步者是聖人，先行兩步者是瘋子。」

二〇〇三年二月二十八日，上海大眾的兩門經濟型轎車GOL下線，三月三日在北京上市。這是於中國發行的第一款兩門轎車。

據上海大眾的有關負責人稱，中國的消費者需要經濟、實用、可靠、放心的轎車，G

ＯＬ就是爲日益增長的中國汽車消費市場而度身打造的。可以充分迎合廣大消費者的需求，適合中國的國情發展，性價比卓越，是中國家庭經濟型轎車的典範。

事實上，在國外，自從一九八〇年首次推出ＧＯＬ後，到一九八二年ＧＯＬ的銷售量如火箭升空一般達到五萬七千多萬輛。自一九八五年以來，ＧＯＬ在巴西一直保持銷量冠軍的地位，一九九三年累積銷售量即突破一百萬輛。不僅如此，ＧＯＬ因在一九九七年創造了年銷量三十六萬一千多萬輛的奇蹟，而被載入了金氏世界紀錄，使它成爲汽車史上最爲成功的經濟適用車型之一。在巴西，一項名爲「第一品牌印象」的調查表明：ＧＯＬ是巴西人的首選汽車品牌。這除了得益於它游刃有餘的空間、齊全的裝備、低廉的價格外，令人驚訝的兩門設計可能是非常關鍵的因素。

然而，在國外廣受好評的ＧＯＬ並沒有在中國市場一炮走紅，反而落得敗走麥城。兩門ＧＯＬ上市半年僅賣出了三千輛，不到預計的八千輛的一半。兩門ＧＯＬ的失利，讓一直春風得意的大眾嘗到了失敗的滋味。

前衛的兩門是ＧＯＬ在市場失寵的重要原因之一。儘管兩門轎車在國外已經大行其道了相當長一段時間，但是要讓中國的消費者接受國際上流行的汽車產品，還需要一段時間。在國外，兩門車很有市場，是由於已開發國家的汽車普及率相當地高，一個家庭往往有幾輛轎車，兩門車更適用於那些追求時尚的單身族或是年輕夫妻。但轎車對於當前的中國人而言，畢竟還是奢侈品，有幾位買車的人僅僅考慮自己的使用，而不顧及到家人和朋友乘坐的方便？

原本希望透過推出兩門的GOL給中國車市帶來全新的汽車消費觀念，最大限度發揮用戶自主選擇的個性的大眾，最後卻在現實和挑剔的中國私家車用戶面前跌了跤，這多少會讓上海大眾有些尷尬。

上海大眾GOL二門車嘗到了欲速則不達的苦頭。其中有價格、配置方面的原因，更重要的因素是時機未到，概念超前。因爲就中國的家庭轎車消費觀念來看，消費者更看重的是車給自己帶來的身份象徵和滿足感，而對獨特、時尚認同感並不十分在意。

迪士尼：架構是成功決策的關鍵

任何成功的決策都有一個合適的架構。一個好的架構能夠捕捉到決策過程中的關鍵問題。成功的架構有一個好的考慮問題的方式，可以將決策過程中的注意力集中到問題最重要的層面，同時，對問題的其他層面也給予適當的關注。因此，架構的好壞是決策能否成功的關鍵因素。

有的公司一連幾年虧損，因爲他們將自我封閉在一個個感覺上看似很好，但基本上卻不合適的架構中。因此，好的架構能夠顯現問題的中的關鍵點，不重要的部分則是引入晦暗之中。如果不知道什麼問題才是重要的，那麼也許將會做出一個錯誤的決策。迪士尼公司在法國建樂園就是一個例子。

歐洲迪士尼樂園終於在一九九二年四月在迪士尼的勝利號角聲中開幕了。開幕不久後，迪士尼就發現開幕時正值歐洲經濟嚴重不景氣，而且歐洲的遊客在用錢時比美國人還要節省。歐洲迪士尼的問題，並非大眾不接受它（儘管先前受到批評），事實上，歐洲人其實很喜歡這個地方。自開幕後便吸引了將進一百萬的人潮，因此這很容易就達成了原來預估的目標，但爲數龐大卻花錢節省的顧客，卻未能使迪士尼達到營業目標反而負債累累。

當時，許多遊客的風氣就是要省錢，在不景氣下也影響了房地產的需求與價格，使得迪士尼無法將飯店賣給投資人而獲利，藉以解除緊繃的利息負擔。迪士尼公司原以爲歐洲的遊客和美國迪士尼遊客以及國外遊客沒什麼不同，但是，在第一年的營運中，可以看出歐洲遊客對價格是較爲敏感的，歐洲的遊客和來自外國的遊客是有著極大不同的，至少在花錢的能力和意願上是如此。

歐洲迪士尼公司假設遊客將住在園區五個飯店的平均天數是四天，而事實上平均住宿天數僅有二天，這是因爲歐洲迪士尼樂園的遊樂設施只有美國迪士尼樂園的三分之一。由於在美國與日本迪士尼樂園的遊客，喜歡整日吃零食吃個不停，因此歐洲迪士尼樂園在設計時也採用該假設，廣設零食銷售點，然而歐洲人的習慣是注重正式的午餐，歐洲迪士尼樂園無法滿足需要正式午餐的人潮，不滿意的遊客只好離園到他處用餐，並將此不愉快經驗告訴其朋友鄰居。

選擇在法國建造迪士尼樂園的提議者，只是透過一些模稜兩可的評估就杜撰出自己想要的證據，過於樂觀地估計了樂園和飯店的使用率，掩蓋了本專案自身存在的風險。一旦有人提出疑問，他們總是不厭其煩地拿出自己所謂的「迪士尼夢想」作爲回應，這讓人更加對未來的前景感到迷惑不解。他們的目標是什麼？是賺錢，還是在歐洲贏得一席之地？在缺乏明確導向的情況下，由於無法把眾多問題集中在決策的關鍵點上，使得項目的實施步履維艱。

迪士尼的決策者不知不覺地在錯誤的問題上下工夫，對潛在的問題未經充分的思考，就強行決策，因此使他們錯過了最佳的選擇。

環球電訊：群體壓力導致獨裁決策

在群體中，由於存在群體壓力、人們不能夠發表自己的見解，最後還是由領導者說了算，尤其是獨裁型的領導者更是如此。群體成員因此不會去研究決策的目標，而是領導者由於個人的局限性和盲目性，容易做出失敗的決策。

二〇〇二年一月，登記資本達一百五十億美元的美國網路和通訊業巨頭環球電訊公司（GloboelCrossing）在經歷了五年營運後宣佈破產。

一九九七年成立以後的五年時間裡，耀眼的光環始終籠罩著環球電訊公司及其創始人溫尼克（GangWinnick）。昔日的環球電訊是美國最有實力的公司之一，但是，環球電訊公司的破產似乎早就在人們的意料之中，因爲它早就岌岌可危了。因爲，環球電訊的決策目標從公司成立之日就相當混亂，而以後的時間裡決策者們也沒有認真來研究這些目標。

環球電訊成立後，就開始向大型電信營運商提供寬頻。當時電信工業界對寬頻的需求急速膨脹。因此環球電訊花了數千億美元的巨額資金投入到寬頻生產項目中，構築其寬頻王國。然而，環球電訊顯然過高估計了形勢。二〇〇〇年，從北美洲到歐洲到亞洲的寬頻價格下跌幅度均超過了五〇%，到二〇〇一年，價格還在一路下跌，可是在這種寬頻遠遠供過於求的情況下，環球電訊仍然在擴張。

環球電訊所以擴張迅速，部分原因在於它不斷併購其他公司。在一九九九年和二〇〇〇年兩年中，環球電訊收購了很多家大型公司，更是加速了環球電訊體積的膨脹。不過，這樣的擴張速度顯然不適合環球電訊，因爲它的年度收入才十億美元，但其營運成本卻高達一百六十億美元。環球電訊陷入尷尬的境地，公司的管理階層難咎其職。公司總裁溫尼克成爲眾矢之的。一些批評家指出，溫尼克根本沒有運作大型公司的經驗，也沒有電信方面的知識，這爲環球電訊的今天悲慘結局埋下了禍根。

從某種程度上來說，溫尼克的管理風格有點專橫獨斷。環球電訊公司的一位員工講述了這樣一個插曲：

一次溫尼克在電梯裡問一個臨時工是否認識他，這位工人作了否定的回答，結果被他解僱了。溫尼克周圍的管理人員對其可謂是言聽計從，那些不願意聽從其指揮的人立刻被解僱。環球電訊在不到五年的時間內更換了五位首席執行長，其中一位利奧·欣德利（LeoHindery）只做了七個月。有人說，如果溫尼克反對你，他會像大猩猩一樣把你重重地壓在身下。在這種環境下，是沒有人來認真研究環球電訊的決策目標的，而溫尼克本人並沒有電訊方面的知識，種種因素加到一起，也就注定了環球電訊失敗的命運。

可口可樂：訊息研究不充分導致決策失敗

由於群體決策使成員減輕了對所致後果的擔心，以至於人們不會花太多的時間去收集更多的相關訊息。訊息的不充分往往會讓群體做出一個不周全的決策。

一九八五年四月二十三日，可口可樂公司在紐約宣佈，更改其行銷了八十九年的飲料配方，並由此陷入商業史上前所未有的品牌忠誠漩渦。這個事件被《紐約時報》稱爲美國商界一百年來最重大的失誤之一。發生這一切的原因，就在於公司決策層對訊息資料研究不充分。

自從一八八六年亞特蘭大藥劑師約翰．潘伯頓發明了神奇的可口可樂配方以來，該品牌飲料在全球開疆闢土的過程中可謂是無處不到，直到一九七五年百事可樂開始發起「口味挑戰」。發動挑戰後的幾年，百事慫恿越來越多的美國消費者參加未標明品牌的可樂飲料口味測試，並不斷傳播人們更喜歡口味偏甜的百事可樂的結論。在一浪高過一浪的攻勢，百事大肆宣揚其青春激情，冒險的品牌精神，並稱其產品口味足以擔當起挑戰經典與傳統的重任。百事的這些攻勢引發了美國年輕一代的共鳴。導致了可口可樂的國內市場占有率穩中有所下降，而百事卻在緩慢中頑強地增長。於是可口可樂的首席執行長羅伯特．戈伊木埃塔在一九八一年宣稱：可口可樂已沒有任何值得沾沾自喜的東西，公司必須全面進入變革時代，其突破口便是數十年來神聖不可侵犯的，但如今已不再適應時代的飲料配方。

爲此，可口可樂從一九八二年開始實施代號爲「堪薩斯計劃」的行銷行動。二千名調查員在十大城市調查顧客是否願意接受一種全新的可樂。調查結果顯示，只有一〇%至十二%的顧客對新口味的可口可樂表示不安，而且其中一半以上的人認爲以後會適應新的可口可樂。

在這個結論的鼓舞下可口可樂研究部門在一九八四年拿出了全新口感的樣品，比老可樂更甜、氣泡更少且略帶膠粘感。在接下來的第一次口味測試中，品嚐者對新可樂的滿意度超過了百事可樂。調查人員認爲，新配方可口可樂至少可以將市場占有率拉開一個百分點，即增加兩億美元的銷售額。

但更換百年配方畢竟是天大的事，爲了萬無一失，可口可樂又花了四百萬美元進行了一次由十三個城市的十九萬一千多名消費者參加的口味大測試。在眾多未標明品牌的飲料中，品嚐者仍對新配方看好，認爲新可樂能戰勝舊可樂的占到六十一%。正是這次耗資巨大的口味測試，使可口可樂決心推陳出新，應對百事挑戰。

一九八五年四月二十三日，可口可樂公司董事長在紐約宣佈：新可樂取代傳統可樂上市，就此，可口可樂的噩夢也開始了。以電話熱線統計爲例，在新可樂上市四小時之內，公司就接到抗議更改可樂口味的電話六百五十多通；四月，抗議電話的數量是每天四通；五月中旬，批評電話每天五十通；六月，這個數字上升爲八千個。相伴電話而來的是數萬封抗議信，大多數人表示了同樣的意思：可口可樂背叛了他們。

大惑不解的可口可樂市調部門緊急出擊，新的市場調查使他們發現，在五月三十日前還有五十三%的顧客聲稱喜歡新可樂，但進入六月，一半以上的人說不喜歡了，到了七月，只剩下三〇%的人說新可樂的好話了。

七月十一日，戈伊木埃塔等公司高階主管站在可口可樂標誌下宣佈恢復使用傳統配方。當月，可口可樂的銷售因此增長了八%，股票攀升十二年來最高點每股二點三十七美元。儘管如此，人們對巨無霸品牌行銷大師會產生這樣的失誤仍疑惑不解。但其中一點是肯定的，可口可樂調查部門的錯誤，在於只計算了產品口感成分，卻忽略了品牌情感成分。

P&G：經驗的錯誤方式

善於總結經驗，從成功中得出規律性的認識，是決策成功的重要條件。對於總結經驗的重要性，許多人都注意到了，但對如何正確對待經驗，並且給予足夠的重視方面，大家的做法就不同了。一些人對經驗採取了盲目、隨意，簡單化甚至是錯誤的看法，從而影響了決策的正確性。依靠經驗是一種傳統的決策方式，它一般只有感性，認識表面性分析情況的非定量性等特點。在生產還不發達、科技比較落後、事物發展速度還比較慢的條件下，領導者憑藉個人的經驗進行決策，有它的合理性。但是進入社會化大生產和經濟全球化、訊息化的時代之後這套經驗決策就遠遠不能適應了。

眾所周知，P&G是世界上最爲規範的公司之一，其品牌策劃和產品研發均具有固定的程序，這種經驗曾被世人所積極模仿。但是這種規範的操作也曾不可避免地產生決策局限，甚至失誤。二十世紀九〇年代末期，P&G全球的銷售額連續幾年出現零增長。時任P&G董事長兼CEO的德克·雅各推出了一系列大刀闊斧的改革措施，計劃在全球市場上推出新產品。在中國市場，自一九九七年銷售額大幅增長到達頂峰之後，連續三年出現零增長甚至是負增長，所以P&G急需一個新的增長點來改變中國市場的局面。

於是從一九九七年開始，寶潔就確定了新品種策略並從此開始了長達三年的市場調研與概念測試。終於在二〇〇〇年，針對中國市場推出了潤妍品牌的洗髮精，它是寶潔旗下唯一一個針對中國市場的原創化妝品品牌，也是寶潔利用中國本土植物性資源的一系列產品。因此，寶潔公司對潤妍寄予厚望，認爲它將是P&G全新的增長點。

潤妍洗髮精的銷售對象是十八至三十五歲的女性，定位於東方女性的黑髮美。潤妍的上市給整個洗髮精行業以極大的震撼，其包裝、廣告、形象等無不代表著中國洗髮精市場的最高水準。但是到了二〇〇二年，上市僅兩年的潤妍洗髮精因其市場表現欠佳而被打敗甚至最後完全退出市場。潤妍的失敗就是決策者依靠經驗決策所帶來的。它上市時決策者憑藉過去的經驗確定了原有品牌一致的價格表現。

P&G旗下原有的四大品牌經銷商只有六%左右的利潤率，但因為那些品牌的知名度高，經營商不得不銷售那四大品牌，但是潤妍作為一個新上市的品牌，當然不具備這樣的實力，於是這種經驗決策所造成的利益矛盾就在P&G和經銷商之間出現了。經銷商覺得沒有利潤可賺消極抵抗，使產品沒能夠迅速地鋪向市場，出現了只見廣告不見產品的現象。

而一貫作風強硬的P&G因為有前四大品牌的成功經驗，所以固執地拒絕向經銷商低頭，導致了經銷商不積極配合P&G的工作，於是潤妍與消費者擴展的環節被無聲地截斷了。寶潔依靠原來的經驗推出新產品，導致了新產品上市策略的失敗。

美國線上和時代華納的合併：以偏概全的決策

以偏概全的陷阱往往會令人在需要解決困難的時候，誤以為問題非常簡單，只要解決一部分便可以解決整個問題，這樣就充分低估了困難，因而高估了自己的能力很容易不自覺地做出錯誤的決定。

以偏概全導致決策上的失誤，比如說，有的企業透過規模擴大提高了競爭力，於是就認為所有的企業都能「規模出效益」。於是決策者就不顧自己的實際情況，擴大企業規模，結果問題一旦暴露，就會使企業陷入危機。

美國傳媒巨頭美國線上和時代華納二〇〇一年三月合併，涉及金額一千八百三十億美元，創造了傳媒合併史上的紀錄。當時時代華納董事長李文得意地將雙方的合併稱爲「天作之合」，美國線上董事長凱斯也表示此舉將促進「網路世紀」的到來。資深首席投資分析師也將合併後美國線上—時代華納股票視爲二〇〇一年最具潛力的股票，目標價額每股八十美元。

然而，合併兩年後，美國線上與時代華納的股價卻降到每股十五美元，其債券的信用評定也被下調爲垃圾級。美國線上的市場價值已從合併前的二千九百億美元縮減到一千三百五十億美元以下，約有一千五百五十億美元的幣值被蒸發得無影無蹤，公司董事會主席決策後持有公司股票從價值六十五億美元下降到十七億美元。

美國線上與時代華納出現巨額虧損股價狂跌，主要原因在於整合後沒有發揮協調效應。美國線上是新媒體中的佼佼者，時代華納是傳統媒體中的出類拔萃者。二者本想強強聯合，但是兩個管理班底理念不同，經營方式不同，許多方面不時發生衝突與矛盾。

此外，美國線上與時代華納合併後，公司急於全球擴張，攤子鋪得太大，步子走得太急。二〇〇〇年歐洲財務虧損六億美元，二〇〇二年虧損也達到二億美元。公司策略目標是網路、電視、電話服務一體化，卻屢屢碰壁，最後因投入太多而損失巨大，導致資金鏈斷裂，公司陷入困境。在這裡，兩家傳媒巨頭只看到各自的優勢，認爲任何兩強相加便可以更強，把某些特例推理爲事實，不假思考地模仿，最後以失敗告終。

創新

提出一個問題往往比解決一個問題更重要，
因為解決問題也許僅是一個數學上或實驗上的技能而已，
而提出新的問題，新的可能性，從新的角度來看舊的問題，
卻需要有創造性的想像力，而且標誌著科學的真正進步。

——（美）愛因斯坦

Can Your Company Make ?

給你一個公司，你能賺錢嗎

創新靈感的來源

任何一個技術創新都是從創造性思想開始的。在技術創新的開始階段離不開創造性，在技術創新過程中的其他階段同樣需要有創造性的開拓工作。創造性思想的來源是什麼呢？美國企業管理學家彼得．杜拉克在《創新和企業家精神》一書中提出了創造性思想的七個來源。這七個來源是：

1. 意外情況（包括意外的成功、失敗或外部環境的變化）。

2. 不協調的現象（包括客觀與主觀的不協調）。

3. 基於過程需要的創新。

4. 尚未意識到的產業與市場結構的變化。

5. 人口變化。

6. 觀念轉變。

7. 科學與非科學領域的新知識。

這七個創新機會的來源之間並沒有清晰的界限，而且有重疊的地方，但每一個都有明顯的特長。因此，很難說哪個更重要或更富於成果。重大的創新往往來自對各種變化徵兆的分析。

意外情況中製造的創新機會

爲進行成功的創新提供最豐富的機會的就數意外的成功了。因爲，社會和自然的複雜決定了其有許多的不確定因素，事物的發展往往出乎人們的意料。但是，在意外之中又往往隱藏著很有價值的東西。

在這種情況下進行的創新風險最小，這種機會利用起來也最省力。

正確利用意外的成功是對企業管理人員判斷力的一種挑戰。意外的成功是種徵兆，但這徵兆的背後隱藏的是什麼？要認清這一點，取決於我們自己的眼光、知識和理解。要利用意外的成功所提供的創新機會，必須要透過分析找出這種徵兆的內涵。美國杜邦公司和3M公司，都認爲他們的成績應歸功於他們主動地把意想不到的成功作爲創新機會來開發。但人們特別是管理人員往往忽視了這種機會。

與成功不同的是，失敗是無法抗拒的，而且很少被忽略。但是，也難得有人把它看成是創新機會的徵兆。尤其是當某項創新在精心設計、周密計劃、謹慎執行的情況下仍遭到失敗的話，這個失敗極可能預示著潛在的變化和隨之而來的機會。它表明某項產品或服務的設計和市場策略可能不再適應實際情況。這也許是顧客的價值觀變了，他們仍然在買同樣的「東西」，但實際上是在購買不同的「價值」。這也許是市場變了，從原先單一的市場變成多個市場，且各有完全不同的需求，每種諸如此類的變化都意味著創新的機會。

雀巢公司躊躇滿志地推出即溶咖啡時，由於不合時宜地宣傳了咖啡方便飲用的特點，使得即溶咖啡成了當時美國大眾心目中「懶惰」的象徵，結果遭到了市場慘敗。雀巢公司從失敗中看到了成功的機會：即扭轉消費者的價值觀。公司恰到好處地以「味道好極了」作為雀巢即溶咖啡的標誌，並在廣告中融進了溫馨的家庭氣息，終於成功地確立了雀巢即溶咖啡在大眾中新的形象，成了「管理世界新潮流」的典範，並取得了商業上的巨大成功。

對每個意外情況，管理人員在研究時必須提出下列問題：

1. 如果要加以利用，則意味著什麼？

2. 它會把我們引向何方？

3. 如何才能把它變成機會？

4. 如何入手？

5. 對目前自己已界定的經營方式，需要做哪些適當的改變？技術方面有哪些？市場方面有哪些？

如果你能正視這些問題，那麼意外情況將爲你展現收益最大和風險最小的創新機會。

不協調的現象中的創新機會

不協調的現象是指實際發生的情況與人們的主觀判斷或常識不一致或產生矛盾。我們可能解釋不清其中的原因，甚至常常對此無能爲力，說不出個重點。然而這確是個創新良機的預兆。借用一個地質學上的術語，它猶如斷層一般，造成了某種不穩定。這種狀況常常對重組經濟、社會結構發揮到四兩撥千斤的功效。然而這些不協調現象在呈給主管部門的報表中卻反映不出來，因爲它不是定量的而是定性的，通常不會引起人們的重視，或者說由於人們身在其中熟視無睹而被忽視。

當人們錯誤地理解現實，從而對現實做出錯誤的假設時，他們的努力方向就會出錯，他們會把力量集中在不會產生結果的方面。於是現實與行爲間就出現了不一致。凡是能覺察到這種不一致的現象並加以利用的人，就有了進行成功創新的機會。

當現實與現實的假設之間的不一致變得十分明顯時，把力量集中於能產生成果的地方，則容易且會迅速地獲得巨大收穫。

在過程中導致的創新

俗話說得好，「需要乃是發明之母」。所以，需要是創新的重要來源，我們稱之爲「過程需要」。

過程需要，是指在某一件事物形成過程中，或者是某一個階段性的突破形成過程中，某一個關鍵環節所出現的與其他環節有巨大不相稱的特徵。這種需要可能導致創新，它一般存在於某一工作過程的內部，它以工作爲核心，目的是完善現有的工作過程，替換薄弱環節，運用新知識重新設計老的工作過程。有時候它還提供「缺少的環節」，使新的過程成爲可能。

愛迪生發明電燈泡可以稱爲因過程需要而創新的典範。在他所處的那個時代，有很長的一段時間裡，幾乎大家都知道將要出現「電力工業」，在這段時期的最後五、六年裡，什麼是「缺少的環節」已經十分明顯：那就是電燈泡。沒有電燈泡就意味著沒有電力工業。愛迪生認清了將這種潛在的電力工業變爲現實所需要的技術知識，隨即投入工作，不到兩年時間就發明了電燈泡。

一般來說，要使源於過程需要的創新獲得成功，必須具備五項準則：

1. 一個能自我完善的過程。

2. 過程中存在「薄弱環節」或「缺少的環節」。

3. 一個明確的目標。

4. 明確解決問題的途徑。

5. 人們普遍認識到「應當有一種更好的辦法」，也就是創新的社會接受度很高。

一旦發現了某種過程需要，可按上述五項準則進行檢驗。同時，還須不斷提醒自己：是否真的瞭解了需要的是什麼？是否已具備必要的知識和存在技術上的可行性？解決方式是否符合未來用戶的習慣和價值觀？

未來市場的新變化

當市場結構或產業結構發生變化時，在行業中處於領先地位的企業往往會忽視發展最快的那部分市場，他們會死抱住那些已經過時或變得不太有效的做法不放，這就會給這一領域中的創新者提供一個很好的創新機會。

IBM的小型電腦策略的失敗便是一個非常典型的例子。IBM在二十世紀八〇年代在電腦界的地位可以說是一代霸主，處於絕對的領先地位，IBM就是品質與保證。但是IBM也被取得的巨大成就沖昏了頭腦，變得驕傲自大起來。他們的行動變得遲緩，程序龐雜，顯現出明顯的大企業病的症狀。這時候喬布斯的蘋果電腦已經有了一點名氣，但是

ＩＢＭ自恃身份，連研究一下蘋果電腦的興趣都沒有，用自己的繁雜程序製造出一種性能價格比很低的個人電腦，結果遭到了市場的淘汰，把個人電腦巨大的市場拱手讓給了別人。在操作系統上，他們同樣犯了一個巨大的錯誤，未能認識到軟體業務的重要性，讓當時還是一個幾十人公司的微軟有機會發展壯大。ＩＢＭ在九〇年代的失利，是固守傳統、不求進取而遭到挫敗的典型。

人口狀況的變化

人口狀況的變化，即人口數量、年齡結構、人口構成、就業與教育狀況以及收入等的變化，這些變化往往是很明確的，而且其結果還容易預測，這些變化會對創新者提供相當多的機會。傳統的人口學家認為，人口的變化是「長期」的變化，這應該是歷史學家和統計人員關心的事情。但事實上，二十世紀的已開發國家和開發中國家都受到極其迅速和劇烈的人口狀況變化的影響。因此，這也成了企業家和管理人員關心的事情。

當前社會呈現老齡化趨勢，如何針對老年人的需要開發出相應的產品，是一個很值得研究的問題。因為老年人年老體衰，精力、眼神都比不上年輕人，他們在使用產品的時候，對於複雜的高科技含量的說明書並不感興趣，他們關心的只是方便易用。在開發針對老年人的產品的時候，如何針對他們的特點進行創新是一個關鍵問題。同樣的原則也適用於目前大都市新出現的單身族、新新人類等等。

換個角度看問題

「橫看成嶺側成峰」，同一件事物不同的人從不同的角度去觀察就會得出不同的結論。就像那個眾所周知的故事，兩個鞋廠業務員先後來到了同一個小島。第一位業務員發現島上的人們都不穿鞋子，他很失望，認爲他在這裡一雙鞋子也賣不了。第二位業務員來到這裡以後，與第一位同樣看到了人們赤腳走路，他卻格外驚喜，他在想「要是每一個人都能買一雙鞋，那將會是多麼大的市場」。

從數學的角度來講，「杯子半滿」與「杯子半空」反映了相同的事實。但這兩種描述的角度卻是完全不同的，產生的效果也完全不一樣。如果我們的觀念能從傳統的看法，即看到已有的半杯水，轉變爲看到杯子的另一半是空的，那我們就會發現許多創新機會。

例如，人們對食物的需求與收入情況及生活節奏大有關係。一般地說，在選擇食品時，尤其是副食品，人們都挑便宜的買，且傾向於挑選沒有加過工的副食品。隨著收入的提高和生活節奏的加快，人們的飲食觀念也發生了改變，不是單純考慮吃「便宜」的了，而要想吃「速食」的，於是速食食品加工行業應運而生，經過加工的半成品如蔬菜、水產品和肉產品在城市極受歡迎。再有如娛樂觀念的轉變，人們從被動的娛樂轉向爲喜好自娛性的活動，就導致了卡拉ＯＫ等自娛活動的出現。

新的技術與知識

現在知識經濟已經成爲推動社會發展的主流。新的ＩＴ技術、網路技術不斷湧現，網際網路熱潮席捲全球。十多年前誰能想到網際網路會給今天的生活帶來如此之大的變化，會如此徹底地改變一個人的生活方式?新的技術與知識往往會給先行者以巨大的報酬，在新領域的創新風險很大，但一旦成功，收益也極爲可觀。

在高技術蓬勃發展的今天，從事以科學技術爲基礎的高技術創新風險最大。當然，如果把創新需要的新知識、新技術加以綜合，並與其他創新來源結合起來，風險還是能夠降下來的。

企業創新中的領導者

組織公司營運的最高負責人是公司的經營者，因而把握組織是否適應創造活動的關鍵人物是企業的領導者。如何調動起領導者對創造性的重視與理解，是創造性管理中的一個核心問題。

讓領導者理解創造性

強調創造性的革新性和重要性的領導者，現在已經越來越多。但是，一般來說大部分人尚處於一種人云亦云的傾向之中。這也是對緊迫感、危機感的認識問題，有重新認識「正是安泰中孕育著危機的萌」這一點的必要。

1. 進行面向領導者的直接的創造性開發訓練

往往要說服領導者讓其認識創造性活動的重要性是非常困難的。作為一個實際問題，這的確是一個出乎意料的難題。這件事情表明了一個重要問題，即必須考慮讓領導者切實理解什麼是創造性，創造性爲什麼是必要的手段。因此，讓領導者參加創造性開發訓練，大概是一個最有效的辦法。體驗學習這件事，即使上了年紀也是需要的，也許越是到了令人不喜歡的年紀就越是需要。體驗學習是想透過對創造性活動的理解以達到對企業中創造性活動的意義和效果的全局的理解。對於國內企業來說，再沒有比今天這樣更需要創造頭腦的了，中國人在獨創力的素質方面決不亞於技術發達的西方人。但是，如何做才能夠在企業中最大限度地驅使大腦發揮創造力呢？

2.領導者需要有大腦的靈活性和表現力、說服力

許多人認爲領導者的大腦是很頑固的，然而實際上靈活的時候也很多。但另一方面，只會口頭上說說而缺乏付諸於實踐的能力的情況也是有的。

許多領導者雖然年紀已經不小，頭腦卻出人意料地靈活。因爲，經營者經常從平日裡就對自己企業的營運抱著生存還是倒閉的憂慮而進行奮鬥，經常動腦筋作各種各樣的思考，頭腦可能因此而靈活。但是，他們無法把取得那一結果的經營判斷的竅門很好地傳達給他人，因爲這往往是一種近於直覺的東西。

領導者對創造活動至關重要

必須知道，組織中的領導者的責任具有領導者本身所意識不到的重要性。假定以創造

活動爲例，日常組織活動中的領導者在應當指導其成員保持共同目標的同時，也需要以廣闊的視野和長遠的洞察力爲基礎，爲判斷創造活動是否對組織目的有效進行決策。毫無意義地制定嚴格的制約條件，既造成了削弱組織創造性的結果，又成了降低創造性人員的士氣的主要原因。領導者必須爭取經常不斷地注意面向建立創造性的組織，實行頭腦轉換。

以創造性爲目的的領導者的責任，就是在領導者理解、判斷創造性進行決策的過程中，不忽視事實而正視事實，注意聽取組織的發言，時時與社會進行訊息交流，不要用只適用於照顧兒童時的那種當機立斷的權威進行決策。

有許多權威主義者並沒有覺察到自己是那樣的人，那大概是管理者自身的善良願望。但考慮到作爲組織的上級領導者對組織有許多影響力，所以有必要進行嚴格的意識變革。必須注意善良願望常常產生危機的事，應當睜開眼睛看一看存在於權威主義組織中那種常常發表對發揮創造性有益的言論而組織本身卻阻礙了創造性組織活動的事實，努力取消組織權威主義。

企業創新中的員工

員工是企業創新的主體，如何提高員工的創造性，是創造性管理的核心問題。對創新人才的管理，可以從創新人才計劃、創新人才的評價、創新人才的獎勵體系三個方面著手。

創新的人力資源計劃，就是根據企業技術創新的近期和遠期目標，確定創新人員的需要情況並進行配備的過程。對於具體的創新活動來說，其人員的來源更多地是來自於企業內部而不是從企業外招募，這是與其他部門或人員配備最不同的。

任何一項創新活動，其組成人員要按照分工的原則而承擔不同的任務，充當不同的「角色」。因此，在制訂或實施創新的人力資源的計劃時應遵循以下原則。

1. 由於創新過程中每人承擔的任務不同，因此，對各人的品格、知識以及技能的要求也有所不同，他們之間應該保持一個適當的比例。

2. 有時某些人可以充當不只一個重要角色。在創新過程中減少風險的最佳候選人可能不是傑出的科學家，通常具有多種經濟和技能的人員要比某一方面的專家更合適。

3. 隨著時間的變化，某一角色也可由不同的人來充當，也就是說，在創新過程中有人員的變更，包括退出和進入創新組織。

4. 每個人充當的角色可以與他原來的職業不同。

以下我們對創新專案中的人員配置進行詳細的分析，從總體而言，創新人員可以分爲創造性的和非創造性的，其餘的可以稱之爲助手。

在西方企業的創新組織中，這兩者的比例是一比二十五。因此，這兩類人對於創新都是必須的，只是前者也具有創造性而已。而創造性人員又可以分爲提出問題和解決問題兩類，顯然前一類人員對創新來說更爲重要，提出問題的能力使他們認識到別人尚未認識到的問題並能正確估計其重要性，即意識到問題是一回事，意識到問題的創新價值又是一回事。在提出問題的人員之中，及時把他們分爲發現者和發明者，其主要區別在於發現者的主要興趣在於「爲什麼」，而發明者往往更關心「怎麼辦」。

從上面對參與創新人員的分類，可以看出掌握一定的規律，就能對創新人員的配置有一個整體性上的把握。對於整個創新活動來說，目前公認爲最關鍵的人員就是提出問題的人員。更具體地說，是創新的產品倡導者，因爲產品倡導者不但要具備深厚廣博的技術背景，而且還要瞭解企業的發展策略和經營方向，同時還要諳熟市場動向，商業上比較敏感，最重要的是還要具有強烈的進取心。

在創新人員的配置過程中，無論這些人員是來自企業內部還是外部，都要經過一定的挑選，這不但是因爲創新的不同角色要保持適當的比例，更關鍵的是要考察本身的品質、素質、技能和知識水準能否勝任創新工作。

世界第一大材料製造企業瑞侃公司的首席執行長說：「我可能花一〇%的時間來招聘、面試和培訓，對於技術職位的候選人來說，透過十輪面試並非罕見。」在這家高技術公司中的三〇%的員工擁有博士學位，由於公司的人力資源計劃執行得非常嚴格，結果在過去的十五年中，瑞侃公司的銷售額平均每年遞增十五%。在一個鼓勵創新精神的企業中，對於創新活動的參與往往是積極主動和自願的，企業員工對創新活動的積極參與給創新人員的挑選提供了很大的餘地，由此可以在企業中形成創新活動的良性循環。

創新人才的業績評價

企業對創新人員進行業績評價的目的可以歸納爲四類：

1. 獲得獎勵或提升的創新人員的基礎訊息。

2. 希望透過評價對創新的工作進度實施有效的控制，適時獲得回饋，糾正偏差。

3. 修正創新人員的配置計劃。

4. 取得上級的溝通，以有助於培養創新環境。

在進行創新人員的業績評價時，確定評價標準是最爲重要的因素，因爲評價標準實際上就是創新人員的行爲規劃。相對企業中其他部門的人員而言，創新人員的業績評價標準更難確定，這是因爲：

1. 創新週期較長。有的長達十幾年，短期評價難以用利潤、現金流等標準來進行衡量。

2. 創新專案人員的工作任務不同。從創新過程來看，可以分爲基礎研究人員、應用研究人員以及技術開發人員；從分工角度來看，可以分爲專案主管、產品倡導者、訊息情報員等，評價標準很難一致。

3. 基礎研究主管部分應用研究的目標不容易明確。

4. 財務上失敗的創新不一定是失敗的創新，它可以對企業創新能力和經驗的累積做出重大貢獻。

美國國家實驗室曾經給出了一個比較完整的創新成果評價標準。從該標準中我們可以看出，在評價標準中不僅包括了創新在成本、銷售額等經濟效益上的標準，也包括了沒有或近期沒有經濟效益但對增加企業競爭力、改善企業市場地位以及有利於企業技術能力增強或創新經驗累積有貢獻的標準，其中特別包括了環境保護方面的標準，這反映訊息在企業技術創新中的作用是一致的。

在大型企業中，創新專案往往設在研究開發部門，其職能和地位比較獨立，但在研究開發作爲創新的重要前期階段，其業績也在總體上決定著創新的業績，研究開發重點在於基礎研究和應用研究以及一部分的技術開發，較少涉及創新的後期，即技術的市場化過程，單單用經濟效益很難衡量業績。因此，研究開發部門及人員的業績評價對大型企業來說是一個具有挑戰性的問題。

相對而言，企業對創新人員在整體範圍內的、長期的業績評價比較容易，而要確定個人的短期業績或對某項成功創新的貢獻則較困難，按傳統的業績評價觀點，評價實際上就是檢查員工完成既定目標的程度，而創造性是很難確定具體目標的。在討論創新目標的確定時也僅僅只是希望企業能夠根據主客觀條件判斷創新的大致目標。這樣一來導致了企業評價其創新人員的業績標準千差萬別，各不相同。

總體而言，對於應用研究人員，用專利數量作爲最一般的評價標準可能比較合適，而對於基礎研究人員，用權威學術刊物上發表的論文或報告及被引用的多數作爲標準更爲合適，對於一般工程技術人員，要看其工作性質及參與創新的情況分別制定不同的標準。

創新人才的獎勵體系

獎勵從表面上看是對創新人員業績的肯定，在實質上，創新人員獎勵體系的設置是對創新人員努力方向的引導，是創新人員的重要激勵手段。行爲科學的研究表明，人的行爲是受激勵驅使發揮自身能力的過程，對於創新人員來說，可以用公式表達成：

創新能力×創新激勵＝創新成果

可見，在人員能力既定的情況下，激勵越大，創新成果也就越大，而獎勵是最重要、最直接的表現形式。

創新人員的獎勵體系可以分成三個部分。

1. 職務提升

職務提升是獎勵創新人員的重要手段。企業常常會面臨提升科學研究人員的難題，因爲，如果把研究與技術人員提升爲管理人員，企業可能會得到一個平庸的管理人員而失去了素質很高的研究與開發人員；如不提升又可能會壓抑創新人員在這方面的要求。

爲了解決這一難題，目前西方企業普遍實行雙軌制職務提升制度。在雙軌制職位體系中，管理人員和行政人員組成管理軌道，研究開發人員和技術人員組成科技軌道，企業員工可以沿任意一條軌道實行職位的升遷，兩條軌道的報酬、地位及影響等方面完全是對等的，如果研究開發或技術人員有提升要求的話，那麼他可以沿著科技軌道實現提升。在3M公司，一位工程師隨著他的創新成就的不斷擴大，他可以沿著基層工程師、產品工程師、產品系列工程師、科室經理人、部門經理人的軌道實現提升，3M公司和惠普公司是成功地實行雙軌制提升制度的公司。

2.精神獎勵和物質獎勵

物質獎勵，是指對創新人員爲企業所做出的貢獻給予一定的物質報酬的獎勵方式，通常包括獎金、獎品、紀念品、擁有公司股票、在創新收益中提成、加薪、免費旅行或療養等。精神獎勵，是指授予有成就的創新人員各種榮譽，使其得到企業和社會的承認及尊敬的獎勵方式，包括名稱稱號、獎章、獎狀、公開表揚、公司資助參加學術會議等，企業通常都是採用物質獎勵與精神獎勵相結合的獎勵方式。

IBM公司爲了激勵員工提高勞動生產率，發揮自己的創造性，設立了諸多獎勵創新的獎項：包括傑出創新獎和傑出貢獻獎——相當於ＩＢＭ公司的諾貝爾獎，金額在一萬五千美元到一萬美元，每年各頒發四十個；發明成就獎——針對登記專利的獎項，金額一千五百美元；研究部門獎——金額一千五百美元；額外工作獎——對於本員工作以外做出貢獻的獎項。

３Ｍ公司設有專門獎勵產品創新的「金腳印」獎，條件是創新產品必須在三年以內獲利。寶潔公司一九九〇年創立了以公司內的創新大王VictorMill命名的協會，被吸收進協會是Ｐ＆Ｇ公司的最高獎勵，十一位技術專家成爲創始會員。

3. 擴大創新空間

擴大創新空間對於創新人員來說是最重要的激勵，它具體是指以多種方式給創新人員提供更多的發明創造的自由，包括從事研究的自由、在一定程度內失敗的自由、展示研究成果的自由以及提出創新思想的自由。

富有創新傳統的企業往往允許自己的員工有一定的自由時間從事自己的研究課題。比如，３Ｍ公司就允許自己的員工可以用十五％的時間進行個人專案的研究開發；惠普公司允許公司的研究人員用一〇％的時間從事自己的研究課題，全公司實驗室二十四小時開放，對於取得了重大創新成果的人員，則在更大範圍內鼓勵他們繼續自己感興趣的研究；

ＩＢＭ公司就設有「新人獎」，獲得者在五年之內可以自由選擇研究計劃，並終身保持這個頭銜。除了保證研究者在時間上的自由以外，企業還應該提供一定的資助，來保證創新思想得以順利實現。３Ｍ每年頒發九十個金額為五千美元的獎金來幫助研究人員實現創新思想。

擴大創新空間還表現在企業要對創新失敗的寬容，要使創新人員意識到失敗僅僅是創新的正常代價，從而徹底消除對失敗的恐懼感。３Ｍ公司一直提倡要對創新持建設性的態度，即對創新失敗的員工不是懲罰而是鼓勵他再接再厲，對於創新成功的員工，最好的獎勵就是再給他一次創新機會。

培育良好的創新環境

創造性構思形成的條件

有利於實際的創造性成果的產生，需要創造者主體和環境的有機結合。創造者自己要有創造性的思維方式，有創造性衝動。環境也要允許創造者能有機會實施自己的新奇想法，不能一棒子打到底。

如果在公司中有一種很有創造性的建議被提出，那麼，這條建議的創造性越強，越是出人意料，效果和影響力越大，它所受到的抵制就越大，反對的人就會越多。培養一種沒有這種抵制現象——突破創造性的社會心理障礙——的氣氛，是促進創造性發揮的第一步。

通常，人們抵制革新出於以下三個動機：

1. 人類所具有的留戀過去、希望維持現狀而不希望改變舊事物的想法。

2. 由於缺少經驗，對做好新事物沒有信心。

3. 對別人的新穎構思感到嫉妒。

這三個方面是人們抵制創造性建議的內心想法。由於建議抵制者認爲這種思想不僅自己有，而且他人也有，所以要使這種抵制帶上正當的色彩，他們往往無意識地感到不好意思公開表現出這種內心，所以就用下面各種各樣的理由進行抵制。首先提出要考慮一下「那種事情能否成功」。自己缺乏讓建議實現的自信心，也不準備在建議上下工夫，並提出以下理由以削弱建議者的銳氣。

1.「建議是不可能實現的。」

●無論從理論上還是經驗上看，都是不可能實現的。
●即使理論上可能，設想也過於激進。
●設想的前景美好，但實行起來問題很多。
●反對那樣做的人很多，很難受到歡迎。
●其他公司不得而知，我們公司是不行的。
●沒有人手、資金和時間，結果將因能力不足而無法實現。
●以前曾經試過，但行不通。

進而，如果建議者說明建議能夠實現，抵制者就會提出以下批評，強調建議的實行是無意義的。

2.「即使能夠實現，其結果如何也是令人擔心的。」

●沒有效果，只是無價值地浪費時間。

●能否收到最好效果是令人懷疑的。

●即使成功了，也落後於時代。

●如果不能順利實現，就是一個責任問題。抵制者說出以上理由的目的在於掩蓋自己缺乏自信。

如果創造性建議的抵制者知道這條建議的確有實現的可能性和有值得一試的意義，他們可能有這樣一種心理定勢：他們迷戀於自己的範圍、過去的習慣，固執於維持現狀，不想付出辛苦給予培養。他們為了掩飾自己故步自封的內心，會進一步提出以下看法。

3.「那種想法一開始就是輕率的。」

●那是「隨便想到的」。

●為時過早，時機尚未成熟。

●如果是那樣的好東西，其他人理應也在做。

●對結局的調查不充分。

爲了打擊建議者的積極性，抵制者往往又會提出：「再進一步愼重考慮一下」或者是「充分研究一下」，也有可能表示不採用而採取避開問題或轉移話題的做法。

即使這樣，如果建議者仍然努力說明時機是恰當的，調查和研究也很充分，而且強調成功之後會取得很大效果，通常的抵制者就會不由自主地表現出一種嫉妒心理。其他人一提出好的想法，他們就有意識地加以詆毀。因爲不好直接對此加以駁斥，就從各個輔助的方面進行刁難。

人類的本性會以各種各樣的形式表明不贊成來自創造性的新設想，因此，在充滿這種抵制氣氛的地方，發揮創造性是難以想像的。即使創造性的設想成爲事實，周圍的人也決不會輕易表示肯定。

即使肯定反對的理由是正確的情況下，也不要認爲原來的想法沒有希望。如何做才能消除反對的理由呢？這需要自己來研究、探討。總之，各種抵制創造性建議的說法是一種沒有表現出來的本性的感情流露，即使從理論上打破其反對的理由也還不行。所以，對這一問題的解決不外乎用強大的意志力，千方百計地說服周圍的人們，讓周圍人們認識到應當去引導這一建議取得成功。

有利於創造性建議的環境

無論是誰，都可能表現出對他人發揮創造性的抵制。如果周圍存在著不喜歡革新的情緒或阻礙自由精神的制度等，創造性很快就會消失。因此，爲了掃除一切阻礙創造性發揮的障礙，實行公司內部改革是很有必要的。

首先，要創造一種完全不使用反對語言的氣氛。如果公司內有人不注意而使用了反對語言，就告訴他無論誰都要注意相互之間不要使用那種語言，而且有必要預先把這些反對語言作爲公司的警句，並且透過公司內部的雜誌或佈告告訴大家。

其次，管理人員不能耍權威。如果權威主義嚴重，總是對員工進行生硬的命令，員工創造性很快就會消失，而且不會再出現。創造性對權威的承受力是很弱的，管理人員無論是對多麼微不足道的建議，也應當抱著「聽一聽」的心情去接納建議者。爲了發揮創造性，領導者常常是樂觀的，應當努力支持這個建議，起碼要讓周圍的人瞭解建議實現的可能性，這是真正的「激勵」。即使在熱心支持也清楚地表明不能實現的情況下，建議者也會由於感到領導者的熱情關懷而必定發誓要在下次機會中提出價值更高的建議，在發揮創造性上奮發努力。千萬不要忘記，對於創造性的發揮來說，上級的態度既可以成爲很大的障礙，也可以成爲很大的鼓勵。

另外很重要的一點是，即便管理人員對創造性建議非常支持，往往也會因爲存在著各種限制提出創造性建議的思想自由的制度或規則，結果給創造性的發揮造成很大的障礙。許可是權威的產物，人與人的差別觀念窒息了思想的自由，經常會導致員工對提建議處在欲說不能的狀態中。

還有一種障礙是以劃一思想爲基礎的舊軍隊式的做法。俗話說，「三個臭皮匠，勝過一個諸葛亮」。但是，如果這三個人有相同的個性，那就很難取得這種效果。只有三個不同個性的人結合在一起，才會產生很大的效果。人們本來具有各自不同的個性，所以應當完全尊重各個人的個性，讓個性得到充分發揮，煥發出創造熱情。因而，讓不同個性的人相互協作這一點必須予以特別強調，我們把這稱之爲異質協作，與此相對應的是劃一主義。

創建一個自由的環境

組織常常考慮的不是如何給予成員以更大的自由斟酌處理問題的餘地，而是追求責任。所以，組織有必要進一步認真考慮一下成員需要的自由環境、氣氛、自由的形式和維持自由的方式。

這裡的尊重自由是指尊重自主性，尊重自主性就會自然地產生責任感。對員工表現出更多的尊重，員工曾經埋沒的長處也會由此而開始萌芽。這一思想方法是符合我們的思想的。

1. 認識、啟發由員工自己這樣去做

由單方面指揮、控制進行管理的原則，無論是採取強制的辦法還是溫和的辦法，在激勵上都是不充分的。因爲這種方法是立足於人的，這種要求在今天已經不能成爲活動的重要動機。另一方面，單方面的指揮、控制，對於激勵以社會需求和自我需求作爲重要需求的人們來說，本來就是無益的。無論強硬還是溫和的方法，在今天都無法順利實施。

如果人們被奪走了在工作上滿足重要需求的機會，他們的行動很有可能呈現出以下特徵：懈怠、缺乏責任感、附和流言蜚語、提出不合理的經濟要求等等，結果領導者就像是被自己架設的蜘蛛網阻礙了一樣。

由單方面指揮、控制的管理既是硬性的，也是嚴格的。然而，即使能夠用公正的方法加以實施，對於那些生理及安全的需求已得到適度滿足，而對社會的、自我的、自我實現的需求要求強烈的人來說，指揮、控制也不是激勵的有益方法。

受需求層次論的啟發，赫茲伯格建立了一種關於人的管理工作的另外一種理論，這就是把人性與人的激勵放在更正確的假設之上的理論，這種理論敢於啟發更廣闊的方面。

赫茲伯格認爲，成長的可能性，承擔責任的能力，讓行動趨向於組織目的的精神準備，這些全部存在於人類本身之中。領導者不是要把人們帶向某個方面的人，他的責任是認識、啓發使員工自己這樣去做的那種人類特性。管理的重要工作是協調組織環境與營運方法，這樣，人們就會由於把自己的努力投向組織目的而能夠最大限度地實現自己的目的。

2. 樹立尊重人性的觀念

首先必須在經營水準上確立信賴員工的觀念。領導者關心的不是如何使喚人，而是如何做才能使人自主地高興地工作。但是，對於企業來說，如何把這種思想具體化爲方法，是一項非常困難的課題。在組織制度上可以採取工作豐富化、彈性工作時間、更多的員工福利等等。無論領導者還是同僚之間，都理所當然地必須爲促進人的創造性而努力。

人不拘泥於既有的概念，不辭勞苦地爲革新發揮創造力，這是與自己成長或自己能夠成長這一收穫結合在一發揮的。這就是在工作中引發自信的東西。一個組織是否充分發展了這一人類的本性，是與有效地利用那個人還是埋沒了那個人有著密切關係的。

由此便可以認爲，透過進一步從人的方面努力改善組織的環境、氣氛，就會逐步形成「以尊重人性爲基礎的自由氣氛」。

3. 建立自由訊息交流的場所

自由交換訊息是人類能夠區別於其他動物的重要條件，從這一點上考慮，自由談話或自由交換情報也就成了工作上的一個大問題。在人的方面發生的許多問題，往往可以從訊息交流不充分中找到原因。

就是從這一點上考慮，在組織的順利營運上形成上下左右確定的周到的情報交流方法是不可缺少的，特別是上司與員工能夠進行直率的對話尤為重要。比如建立不拘禮節的房間或實行開門辦公制等，也可以考慮在自己所擔負的業務之外建立自由發表意見的機會。

自由的訊息交流是創造的食糧，是形成自由的企業氣氛所必須的條件。

4. 建立自由的制度與組織

自由的企業氣氛透過配備了自由的制度和組織而進一步具體化為現實。但是，組織和制度本身又是透過某種形式對自身和別人加以制約的東西，為求擴大自由，需要將制度和組織的制約條件限制在最小的限度以內。

此外，還必須根據情況變化，迅速改變陳腐化和僵硬化的制度和組織。從這種意義上來說，時常「朝令夕改」也許是必要的。總之，非常有必要去考慮建立一種能夠不斷適應情況變化的靈活的系統。

最近正在討論的虛擬企業、標準模組化製造網絡等組織形式的締造，便是建立靈活系統的一個試驗。與此同時，計時器、出勤簿的廢除，也有了進一步研討的餘地。在期待著創造性充分發揮的研究部門和開發部門中，實行自由上班和自由下班具有更好的效果。

5. 人盡其用

必須對於提升人的積極性的重要因素做出適當配置。透過人盡其用，充分活躍人們得到的可以支配的工作自由，否則將會給工作上的人造成鬱積感，壓抑創造性的發揮。爲了不造成這種局面，可以進一步靈活運用自由申報制度以發現本人的適應性。

有些企業爲了人盡其用，把多餘的人員轉移到其他地方去（特別是間接部門的削減），以對付人事費用的高漲，也就是實行徹底的少數精銳主義。

有利於創新的管理方式

1. 給予工作和讓其工作的方法

讓員工從事沒有趣味、乏味的工作是很困難的。作爲總經理，最重要的工作就是正確地描繪和傳達企業理念，即以領導者爲中心，把每個人的開發目標統一到企業理念這個大方向上。

在統一的過程中，應當完成的任務是把握組成人員的能力類型。每個人的能力類型都存在著不同程度的差異，其中有許多差異連自己也很難斷定，進入公司的新職員更是如此。在這種情況下，必須細心追蹤員工的成長過程，按照自己的方式把握和測定員工的能力類型。

科學、定量地把握人的能力是很難做到的，對重要事物的重要程度進行定量化是困難的。企業中的人事評定是主觀的價值判斷，不過是評定者的價值觀的投影。

即使在學校教育中，對學生創造性的評價也幾乎沒有決定性的手段。因而在企業中對一個人進行能力判斷和決定工作類型時，與本人商量是特別必要的，最重要的是如何給予能激起他的挑戰精神的工作。

工作人員選錯了開發主題時，上司的態度非常重要。這時，溫情是屬於短視，是絕對不能允許的。在把全副精力投入到無用的事情上並遭受挫折之前，必須讓員工改變主題。在選定主題和工作類型的時候，必須讓成員對此有深入的理解，這是創造性本質的自由問題。這可以以創造性開發的兩個條件的心理穩定與心理自由爲例，但這時的自由是伴隨著責任的自由，是在成功與失敗兩個方面承擔責任的自由。

2.要重新理解權威

公司內的地位、職位、學歷、資歷等形式上的權威，都會抑制創造性的發揮。真正的權威存在於具有合理判斷能力並由此而取得成果的地方。權威在於真實。這裡非常微妙的是「合理」的判斷，不是所有的人都能理解的、乍看似乎合理的判斷去處理事情，而是說裡面包含有「創造性評價」。很多情況下，可能很多人不能理解，但是卻震動著領導者與承擔者心弦的東西才存在著創造性。因此說，在不允許批評、不承認平等論爭的假權威架子的氣氛中，組織開發是不可能的。

3.拘謹的氣氛會使大腦的運轉失靈

動物如果完全處在恐怖和不安的狀態中，其行動就會變得僵化，體內激素和血液的分泌循環就會出現惡化，心的跳動也就不再那麼流暢。在這種情況下，人的語言也變得不通順，常常說出不該說的事，表現出所謂不知所措的樣子。心情緊張對創造性關係極大，在心情緊張的狀態中發揮創造性是沒有希望的。

當然，嚴肅的儀式偶爾也是重要的。然而，必須經常注意，與輕鬆愉快的工作氣氛相比，自己更傾向於哪個呢?不爲失敗所動搖，相信不急於挽回失敗或取得勝利的局面是最合理的道路時，道路就開闢出來了。「運氣帶來運氣」也是這個道理。但是，輕鬆愉快不等於是軟綿綿，在嚴格接觸和嚴肅的氣氛中取得寬鬆感並領會如何做工作的方法是必要的。

4.要重視情報激勵

公司內部情報交流的方式用一句話難以說明，全體職員都瞭解所有情報這一點在實施上是根本不可能的。情報不暢可能導致許多問題，比如有許多領導者抱怨被蒙在鼓裡，被淹沒在沒有用的情報中。原因有很多，或者是因爲讓他知道也不能發揮作用而沒有讓他知道，或者是忘記了互惠互利原則，由於其中的一種原因造成訊息不靈的情況是很多的。

通常人們會認為，在許多人去的地方似乎聚集了許多情報，但實則不然。集合了許多人的聯絡會議或禮儀性的集會，多數是沒有用的，很難從中獲得有用的情報。與此相反，透過工作中的小團體舉行夥伴們的短時間聚會，在思想溝通方面更有效果。

可以把各部門營運期間的重點管理目標實行組織化，建立組織目標圖，以便事先對各部門領導者進行配置。除此之外，還有一種「悄悄話戰術」。「悄悄話」是一種無論在走廊還是在餐廳，只要碰到面時，都能及時透過三言兩語進行情報交流的方法。

情報就是訊息資料的選擇，到手的資料只有經過選擇才能成為情報，因而必須傳遞經過選擇的夥伴傳入的確實經過選擇的情報。

在這方面需要進行相當的訓練，必須事先懂得各個部門的重要問題是什麼，這可以從事先建立起來的目標組織圖中找到。對於創造性來說，重要的情報是第一手的。如果使用沒經過篩選的資料，在認識與解決問題時就會產生偏頗。讓眾多的資料本身說話，傾聽其呼聲，這是產生創造性的開始。

推動企業創新活動的溝通方式

有效的溝通與交流是優秀企業所必需的。惠普的一位高階經理人說：「我們真的不清楚創新過程到底是如何進行的，但有一點我們卻非常清楚：員工之間有效的溝通是必要的。員工之間能夠自由自在地交流應成爲企業考慮的一個問題，不管我們在做什麼，不管我們採用什麼樣的組織形式，嘗試什麼樣的制度，這是企業生存和發展的基礎。我們做什麼事情都不能損壞這個基礎。」

在優秀企業裡，員工之間的溝通方式有五個特徵，這種方式可以推動企業的創新活動。

1. 溝通方式很隨意

在3M公司，有大大小小開不完的會，但很少是事先安排的，多半是幾個來自不同部門的員工，湊到一塊，商討問題。公司的氛圍如同校園，員工在一塊兒討論，氣氛融洽平實但又不失學術氣息，再加上公司結構的一些特點，使得員工在相處一段時間後能彼此熟悉，志同道合的人自然而然地經常聚在一起。

麥當勞的高階主管常常聚在一塊，共同商討公司的發展方向和生意的基調。在Digital公司，總裁奧爾森要定期會晤一個所謂的工程委員會，這個委員會由二十多位來自該公司各階層的工程師組成。由奧爾森親自確定議題，並不時地重組更換委員會的成員，使得這個委員會不斷地提出新構想，而他本人發揮起催化劑的作用。研究人員愛德華．捨恩在總結對創新過程的研究時指出了這種相互交流的重要性，他說：「建設性的構想往往是透過非正式而不是正式的方式提出的。」處於企業核心地位的創新系統實際上意味著企業文化的非正式性。

2.溝通頻繁且深入

埃克森石油公司和花旗銀行，是兩家以「無阻礙溝通」而聞名於同行業的公司。在這兩個公司，高階經理人員的溝通交流方式行爲與競爭者的行爲之間的差別令人震驚。只要一進行提案的研討，每個人講話的聲音都提高八度，接著聲嘶力竭的叫喊爭論開始了。員工自由地提出和討論問題，氣氛非常融洽輕鬆。只要有異義，任何人都可以隨時打斷董事長、總經理和會上任何人的發言。

許多默默無聞的企業，其高階管理人員儘管在一起工作了二、三十年，但除了正式安排的會議外，很少聚在一塊討論問題。公司開會時，他們也只是緘默一旁，等著別人提出方案，最終只是禮貌性地評論一下。更有甚者，同一樓層辦公室的同事也只是用公文便條來交流一下，絕對不會坐在一塊海侃神聊。這些行爲與優秀企業的溝通方式形成了鮮明的對比，像凱特皮勒公司的最高層十位主管每天的「無固定議題、無會議記錄」的會議，弗盧爾工程和德爾塔航空公司十位高階經理人的「咖啡談話會」，以及麥當勞高層每日的非正式聚會，這些行爲與一般企業的溝通交流方式形成了強烈的反差。

英特爾的經理人們稱這個過程爲「同等地位人的決策」，這是一種公開的、面對面的管理方式。員工可以直接且直率地討論問題，能這麼做的一個主要原因是在這些企業裡，這類會議自始至終一直在進行著，開會不是一種正式、不多見的情況。

3.具備溝通所需的物質支持條件

ＩＢＭ一位資深職員，跳槽到另一家高科技公司，從事一項重要的研究計劃。工作幾星期後，他走進該公司一位主管的辦公室，關上門說：「我遇到了麻煩。」那位主管頓時臉一陣白：這個傢伙可是這個研究的關鍵人物。這位前ＩＢＭ員工繼續說：「有件事我實在搞不懂，爲什麼你們這裡連一塊黑板都沒有？沒有黑板，你叫大家如何相互交流溝通？」他的話是有來歷的。當初湯姆・沃森上任時，就是站在黑板前，拿著黑板擦，與員工共同商討企業遇到的問題，才把企業創建起來的。類似這樣的工具，有助於非正式交流活動的深入進行。這種活動能刺激創新。

另一家公司的總經理也談到他最近的一項創舉：「我把公司餐廳裡四人用的小圓桌，全部換成長方形的大長桌。

這是一個很重大的改變，如果用小圓桌，就會是四個熟悉已久的人坐在一塊進餐。用大長桌的情形就不同了，其他陌生人就有機會坐下來和他們聊天，如此一來，研究人員就有可能遇到其他部門的銷售人員或者是從事產品製造的工程師。這就好比在玩機率遊戲，每增加一些接觸的機會，都能增加員工之間意見的交流。」

英特爾公司建在矽谷的新大樓裡面有許多小的會議室，要求員工在那裡吃午飯，在那兒解決問題。每個會議室裡面都有黑板，以便進行交流（或許應該把這稱爲「黑板因素」）。

4. 設立推動機構

這是刺激創新交流系統的另一方面。優秀企業甚至把創新活動制度化。IBM的「革新人員計劃」是一個典型的例子。「革新人員」是其總裁沃森想培育「野鴨」（沃森從挪

威作家易卜生那裡借用了這個比喻）的具體表現。

在IBM公司，大約有四十五位這樣的革新人員，在《新聞週刊》的一則廣告上，他們被稱爲「夢想家」、「異教徒」、「討厭鬼」、「自行其是的人」和「天才」等等。一位革新人員說：「在IBM我們非常受重視。沒有哪個企業能像IBM一樣，給我們提供這麼多企業副總經理的位置。」每位革新人員的任期爲五年，在這一期間內，他可以隨心所欲地從事他唯一的任務：創新制度。

哈里斯和聯合技術公司對那些在部門間的技術交流方面、工作出色的個體和小組給予重獎；比克特爾公司強烈要求每一個專業經理人把全部時間和精力的二〇%用在新技術的試驗開發上；通用汽車建立「玩具店」以加快員工進入「未來工廠」的步伐。出於同樣的考慮，透過數據公司建立了許多「技術中心」。來自不同部門的員工聚在這些地方，共同創新。這些都是推進企業創新活動的一些簡單易行的辦法。

5.深入的、非正式的交流系統，也是控制創新過程的最佳手段

這種系統刺激創新活動，而不是抑制創新活動。

3M公司是一個典型的例子：「當然，我們處於嚴密的控制之下。每個小組花幾百萬美元從事任何一項產品研究時，四周必定有一大群對研究感興趣的人在旁邊觀察研究的進

展情況。」

我們相信，其餘優秀企業類似的控制活動也非常嚴格。在任何一個公司，你做任何一個事情，身邊必定有許多人在注視著你，儘管他們是很隨意的。但在我們知道的其他企業中，這種控制活動非常嚴格且有剛性。你可以在沒研製出任何成果的情況下花掉五百萬美元，沒有人會知道的，只要你及時正確地填寫所需的表格即可。

修路理論與制度建設

約翰和亨利到一家公司聯繫業務。這家公司的辦公室在一幢豪華辦公室裡，落地玻璃門窗，非常氣派。可是，由於玻璃過於透明，許多來訪客人因不留意，頭撞在高大明亮的玻璃大門上。不到十五分內，竟然有兩位客人在同一個地方頭撞玻璃。

亨利忍不住笑了，對約翰說：「這些人也真是的。走起路來，這麼大的玻璃居然看不見。眼睛到哪裡去了？」

約翰並不贊同亨利的說法，他說：「真正愚蠢的不是撞玻璃門的客人，而是設計者。如果不同的人在同一個地方犯錯誤，那就證明這個地方確實存在缺陷。應該考慮怎麼修正缺陷，而不是嘲笑那些犯錯誤的人。」

亨利於是向該公司的經理人提了意見，在這扇門上貼上一條橫標誌線，從此再沒有來訪客人撞到玻璃門了。

這個故事涉及到「修路原則」，即當一個人在同一個地方出現兩次以上同樣的差錯，或者，兩個以上不同的人在同一個地方出現同一差錯，那一定不是人有問題，而是這條讓他們出差錯的「路」有問題。此時，人作為問題的管理，最重要的工作不是管人或要求他不要重犯錯誤，而是修「路」。

管理進步最快的方法之一就是：每次完善一點點，每天進步一點點，每個人每一次都能因不斷修「路」而進步一點點。這裡所講的「路」就是制度和規範，「修路」就是指制度建設。

「修路」理論告訴我們，管理工作最重要的不是直接去管人，而是去制定讓人各行其職的制度——修築讓人各行其道的路。

關於制度建設的十四個人性哲理

公平是最重要的

要使每一個人滿意是不可能的事。對於公司法規的制定者來說，重要的是找到一個最公平的法規，而不是取悅每一個人。

「破窗理論」與遵守制度

美國史丹佛大學心理學家詹巴斗曾做過這樣一項試驗：他找來兩輛一模一樣的汽車，一輛停在比較雜亂的街區，一輛停在中產階級社區。他把停在雜亂街區的那一輛的車牌摘掉，頂棚打開，結果一天之內就被人偷走了。而擺在中產階級社區的那一輛過了一個星期也安然無恙。後來，詹巴斗用錘子把這輛車的玻璃敲了個大洞，結果，僅僅過了幾個小時，它就不見了。

後來，政治學家威爾遜和犯罪學家凱琳依托這項試驗，提出了一個「破窗理論」。這一理論認爲：如果有人打壞了一個建築物的窗戶玻璃，而這扇窗戶又未得到及時維修，別人就可能受到暗示性的縱容去打爛更多的窗戶玻璃。久而久之，這些破窗戶就給人造成一種無序的感覺。那麼在這種大眾麻木不仁的氛圍中，犯罪就會滋生、蔓延。

「破窗理論」在社會管理和企業管理中都有著重要的借鑑意義，它給我們的啓示是：必須及時修好「第一個被打碎的窗戶玻璃」。

「破窗理論」運用到企業中就是要迅速將有污垢或受損的公共設施回覆原貌，從而使工作場所清潔整齊，營造出一個舒爽有序的工作氛圍。在這樣一種積極暗示下，久而久之，人人都遵守制度和規則，認真工作。實踐證明，這種工作現場的整潔對於保障企業的產品品質發揮到了重要的作用。

制度的作用是引導

某集團有個規矩，凡開會遲到者都要罰站。在媒體的一次採訪中，集團首席執行長表示：我也被罰過三次。

他描述說：公司規定，如果不請假而遲到就一定要罰站。但是這三次，都是我在無法請假的情況下發生的，比如：有一次被關在電梯裡邊。罰站的時候是挺嚴肅，而且是很尷尬的一件事情，因爲這並不是隨便站著就可以敷衍了事的。在二十個人開會的時候，遲到的人進來以後會議要停一下，靜默看他站一分鐘，有點像默哀，真是挺難受的一件事情，尤其是在大的會場，會採用通報的方式。第一個罰站的人是我的一個老主管。他罰站的時候，站了一身汗，我坐了一身汗。後來我跟他說：「今天晚上我到你們家去，給你站一分鐘。」不好做，但是也就這麼堅持的做下來了。

據說在該集團被罰過站的人不計其數，還能說明這個制度的有效性嗎？首席執行長非常肯定地回答：當然有效，而且非常有效。在不計其數以後，出了問題就要受罰的觀念就深入人心了。並且不管誰犯了錯誤都會受罰，公平感才會產生，你的團隊才會精神百倍。

制度與紀律

三國時代的諸葛亮與司馬懿在街亭對戰，馬謖自告奮勇要出兵守街亭，諸葛亮心中雖有擔心，但馬謖表示願立軍令狀，若失敗就處死全家，諸葛亮才勉強同意他出兵，並指派王平將軍隨行，並交代在安置完營寨後須立刻回報，有事要與王平商量，馬謖一一答應。可是軍隊到了街亭，馬謖執意扎兵在山上，完全不聽王平的建議。等到司馬懿派兵進攻街亭，圍兵在山下切斷糧食及水的供應，使得馬謖兵敗如山倒，重要據點街亭失守。事後，諸葛亮為維持軍紀而揮淚斬馬謖，並自請處分降職三等。

領導者的氣勢有多大，就看他紀律性有多強；組織的競爭力也往往表現在他的紀律性上。一個好的領導者必定是懂得自律的人，而且也一定是可以堅持及帶動團隊遵守紀律的人。

制度到位，責任到人

在非洲大草原上，三隻瘦弱的小狗正與一隻高大的斑馬進行一場生死搏鬥。乍看之下，三隻弱小的小狗很難是大斑馬的對手。但實際情況是，一隻小狗咬住斑馬的尾巴，任憑斑馬的尾巴如何甩動，也死死咬住不放；一隻小狗咬住斑馬的耳朵，任憑斑馬如何搖頭，也決不鬆口；一隻稍顯強壯的小狗咬住斑馬的一條腿，任憑斑馬如何踢彈，一點也不敢懈怠。

不一會兒，在三隻小狗的齊心攻擊下，「龐然大物」斑馬終於體力不支癱倒在地，成爲三隻小狗的盤中餐。

在組織內部，領導者一個很重要的職能就是科學分工，根據實際動態對人員進行最佳配置。只有每個員工都明確自己的工作職責，各司其職，才不會產生推諉、扯皮等不良現象。

制度與責任心

三隻老鼠一同去偷油。它們決定疊羅漢，大家輪流喝。而當其中一隻老鼠剛爬到另外兩隻的肩膀上，「勝利」在望之時，不知什麼原因，油瓶倒了，引來了人，它們落荒而逃。回到鼠窩，它們開了一個會，討論失敗原因。最上面的老鼠說：「因爲下面的老鼠抖了一下，所以我碰到了油瓶。」中間的那隻老鼠說：「我感覺到下面的老鼠抽搐了一下，於是，我抖了一下。」而最下面的老鼠說：「我好像聽見貓叫，所以抽搐了一下。」原來如此——誰都沒有責任。

在管理中，劃清每個員工和每個小團隊的責任界限是非常重要的。大家都有責任，就等於大家都沒有責任。

韓國企業的「一日廠長制」

韓國有一家衛生材料廠，自一九八三年三月開始，實行「一日廠長」制度。在每週的星期三，挑選一名員工做一天該廠的廠長，每週輪換一次。在短短的一年時間內，做過「一日廠長」的已有四十人，占全廠員工的一〇%。星期三上午九點，「一日廠長」上任，第一項工作是聽取各工廠、部門主管的簡單彙報，以瞭解工廠的全盤營運情況，隨後與正式廠長一道巡視各部門、工廠的工作情況。

最後兩項工作是在辦公室裡，處理來自各部門、工廠主管或員工的公文和報告。「一日廠長」有公文批閱權。在星期三，呈報廠長的所有公文都要首先經「一日廠長」簽名批閱，廠長如果要更改「一日廠長」的意見必須徵求「一日廠長」的意見，才能最後裁決，不能擅自更改。「一日廠長」還有權對工廠的管理提出批評意見。批評意見要詳細地記入工作日誌，以便在工廠、部門之間傳閱，各工廠部門的主管必須聽取批評意見，並隨時改進自己的工作，還要寫出改進工作成果的報告在幹部會議上宣讀，得到全體幹部認可後方能結束。

「一日廠長」制度的實施，成功地改善了勞資關係。一位年僅二十二歲的女工，當了「一日廠長」，自信地說：如果我第二次當上「一日廠長」，一定比上次做得更出色。她已經認識到：「一日廠長」制使員工體驗到工廠的業務實踐，增進了與上級的感情和瞭解。員工也認識到「合作」和「節約成本」對一個企業的重要性，認真地執行與此有關的計劃，企業的凝聚力也大爲增強，員工更能體諒廠長的辛苦和各種決策的用意。

另外，「一日廠長」制的推行使該廠獲得了韓國勞動部授予的「傑出勞資關係示範工廠」的稱號。工廠每年節約了二百萬美元，這筆巨款用於對全廠員工的獎勵後，員工的幹勁更足了，更加積極地爲這家工廠努力工作。

企業的決策很可能不爲員工所理解，最終難以執行。「一日廠長制」，提供了解決這一難題的方法。

制度的慣性

戴爾還只是個小學生的時候，有一次他無意中看到報紙上有一則廣告：「只要透過本考試中心的一個測試，您就能直接獲得高中畢業證書。」小戴爾真是欣喜若狂，心想這可是天大的好事，如果省掉那些煩人的課程、傲慢的老師和無休止的考試，就能直接高中畢業，豈不快哉?！想到這裡，戴爾幾乎笑不攏嘴，馬上興沖沖地撥打了廣告中的電話。考試中心的人果然服務上門了。但等看到接待他們的「客戶」，居然只是個小孩兒時，不禁哭笑不得。

但從此，一個大膽的設想開始在小戴爾心中生根發，那就是：爲什麼不盡可能省掉一些看起來天經地義的中間環節，直接一步到位呢?這並不是癡人說夢，因爲憑藉著這個念頭，戴爾在僅僅十八歲時就創造了神話般的直銷奇蹟，並創立了一種劃時代的經營模式！

其實，在我們身邊，有很多管理環節——它們只是由於慣性作祟才持續存在，並非不可缺少。如果細細推敲，省掉一些環節，機關、企業照舊運轉得有條不紊。

一位年輕有爲的炮兵軍官上任伊始，到下屬部隊視察操練情況。他在幾個部隊發現了相同的情況：在操練中，總有一名士兵自始至終站在大炮的炮管下面，紋絲不動。軍官不解，究其原因，回答：操練條例就是這樣要求的。軍官回去後反覆查閱軍事文獻，終於發現，長期以來，炮兵的操練條例仍因循非機械化時代的規則。站在炮管下士兵的任務是負責拉住馬的韁繩（在那個時代，大炮是由馬車運載到前線的），便於在大炮發射後調整由於後坐力產生的距離偏差，減少再次瞄準所需要的時間。現在大炮的自動化和機械化程度很高，已經不再需要這樣一個角色了，但操練條例沒有及時地調整，因此出現了「不拉馬的士兵」。軍官的發現使他獲得了國防部的嘉獎。

當一個組織所處的外部環境發生較大的變化，就會導致工作流程和方法隨之而變時，工作設置與工作思路就應該跟上，否則「不拉馬的士兵」就會層出不窮，從而使組織走向癱瘓。

不能制定「能者多勞」的制度

有一戶人家，全家人都非常懶惰。爸爸叫媽媽做家務，媽媽不想做就叫大姐做，大姐不想做就叫妹妹做，妹妹也不想做就叫小狗做。

有一天，家裡來了一個客人，發現小狗在做家務。客人很驚訝，問小狗：「你會做家務呀？」小狗就說：「他們都不做，就叫我做！」客人更加驚訝：「你會說話呀？」小狗說：「噓！小聲點！讓他們知道我會說話，又該叫我去接電話了！」

合格的領導者必須能將所管員工的本職範疇、責任及考核界定清楚。「能者多勞」的本質就是懶人對能人的剝削。

建立掌權者的利益制約機制

五個長期被管理問題困擾的企業家，一天不約而同地向管理學家討教：如何才能使企業管理科學而有序？

管理學家將五個人帶到了一個荒島上，每天給他們送一鍋湯麵，要求他們用非暴力的方式，透過制定來解決每天的分配問題。標準是公平，不能產生矛盾。

第一次：五個企業家商定，由一個人負責分配事宜。但大家很快就發現，這個人總是爲自己多分一些，於是又換了一個人，結果仍是解決不了問題。

第二次：五個人決定輪流主持分配，但很快發現，每個人都在自己主持分配的那一天吃得最多。

第三次：五個人決定選舉其中一位品德高尚的人主持分配。但大家一致認爲把分配權寄希望於「聖人式」的人物風險太大，因爲一旦這個人因受賄等原因墮落腐敗，後果不堪設想。

第四次：五個人決定選舉一個監督委員會監督分配。結果，公平基本上是做到了，可是由於監督委員會常提出多種議案，致使分配方案定好了，湯麵卻涼了。大家認爲這種監督成本實在太高。

第五次：五個人決定讓每個人輪流值日分配，但值日的人要最後一個領取湯麵。令人驚喜的是，在這個制度下，每個人分到的麵都是一樣多。

五個人終於輕鬆地離開了荒島，並感謝管理學家使他們終於懂得了什麼是管理的真諦。

絕對的權力必將導致絕對的腐敗，過度的監管又會使成本太高。因此管理的根本就在於，必須建立掌權者的利益制約機制。

制度法規是讓人遵守的

《韓非子》講過這樣一個故事。

在趙國的上地，有個叫董闕於的人到此為官。當官的走馬上任，都是先對管轄區域來個視察。

有一天，他走在石邑山中發現一個數百米深的山澗，站立其邊，它的陡峭程度令人頭昏腿軟，不敢下望。於是他問當地鄉民：「可曾有人下去過？」鄉民答：「沒有。」又問：「莽夫、傻子、瘋子、孩童中可有人下去過？」鄉民答：「沒有。」又問：「牛、馬、豬、狗可下去過？」鄉民答：「沒有。」

這位新官頓悟一理：以法治理，就是要讓法誰見誰怕，則法可行矣！

制度、法規要讓人怕，政策講話要讓人愛。這兩句話是管理上的要律。道理很簡單，制度法規是讓人遵守的，而政策講話是要引導和指導方向、讓人相信的。

制度一改，奇蹟就發生了

這是發生在第二次世界大戰中期的一個真實故事。

在戰爭中扮演了重要角色的美國空軍，爲了降落傘的安全性問題與降落傘製造商發生了一段糾紛。當時降落傘的安全性能不夠，合格率較低。廠商採取了種種措施，使合格率提升到九十九．九％，但軍方要求產品的合格率必須達到一〇〇％。廠商認爲這是天方夜譚，他們一再強調，任何產品也不可能達到一〇〇％合格，除非奇蹟出現。九十九．九％的合格率已經相當優秀了，沒有必要再改進。

九十九．九％的合格率乍看很不錯，但對於軍方來說，這就意味著每一千個傘兵中，會有一個人的降落傘不合格，他就可能因此在跳傘中送命。後來軍方改變了檢查產品品質的方法，決定從廠商上周交貨的降落傘中隨機挑出一個，讓廠商負責人裝備上身後，親自從飛機上跳下。這個方法實施後，奇蹟出現了：不合格率立刻變成了零。

原本認爲不可能的事，制度一改，奇蹟就發生了。關心自己的利益是人的本性，如何讓制度順應這種本性，以此激發人的工作熱情，是制度設計者需要深思的問題。

最「人道」的船主

澳大利亞從前只有土著人居住，後來英國把澳大利亞當做流放犯人的地方，這些犯人代代繁衍，久而久之就形成今天的澳大利亞。而在運送犯人的途中，發生過這樣一個故事。

承擔運送犯人任務的都是些私人船主，他們接受政府的委託，自然也要收取相應的費用。一開始，英國政府按照上船時的犯人人數（上船人數）付給船主費用。於是，船主們爲了牟取暴利，想盡種種辦法虐待犯人，剋扣犯人的食物，甚至把犯人活活扔下海，導致運輸途中犯人的死亡率最高時達到九十四%。

後來英國政府想出了一個辦法，他們改變了付款規則，按照活著到達目的地的人數（下船人數）付費。於是，船主們又想盡辦法讓更多的犯人活著到達澳大利亞，餓了給飯吃，渴了給水喝，大多數船主甚至還聘請了隨船醫生，犯人的死亡率最低時降到一%。

人都有私心。既然如此，決策者就不該一味指責執行政策的人見利忘義，更不能要求人人都大公無私、高風亮節，而要從根源上去防範自私行爲，用制度、法律來約束。

令出必行，慈不掌兵

《左傳》記載：孫武去見吳王闔閭，與他談論帶兵打仗之事，說得頭頭是道。吳王心想，「紙上談兵管什麼用，讓我來考考他。」便出了個難題，讓孫武替他訓練姬妃宮女。孫武挑選了一百個宮女，讓吳王的兩個寵姬擔任隊長。

孫武將列隊訓練的要領講得清清楚楚，但正式喊口令時，這些女人笑作一團，誰也不聽他的。孫武再次講解了要領，並要兩個隊長以身作則。但他一喊口令，宮女們還是滿不在乎，兩個當隊長的寵姬更是笑彎了腰。孫武嚴厲地說道：「這裡是演武場，不是王宮；你們現在是軍人，不是宮女；我的口令就是軍令，不是玩笑。你們不按口令操練，兩個隊長帶頭不聽指揮，這就是公然違反軍法，理當斬首！」說完，便叫武士將兩個寵姬殺了。

場上頓時肅靜，宮女們嚇得誰也不敢出聲，當孫武再喊口令時，她們步調整齊，動作劃一，真正成了訓練有素的軍人。孫武派人請吳王來檢閱，吳王正爲失去兩個寵姬而惋惜，沒有心思來看宮女操練，只是派人告訴孫武：「先生的帶兵之道我已領教，由你指揮的軍隊一定紀律嚴明，能打勝仗。」孫武沒有說什麼廢話，而是從立信出發，換得了軍紀森嚴、令出必行的效果。

慈不掌兵，領導者就應該堅持正確的原則。雖然推行的結果可能是得罪一些高層人士，導致自己的職位不保，但如果你的政策推行不下去，那你的前途同樣渺茫。

關於責任的兩個話題

公司內不應存在連帶責任制

我們常常可以看見這樣的場面：因爲公司內部實施的是連帶責任制，所以當公司內部出現問題時，公司主管們卻找不出責任者。所謂連帶責任是誰也不負責任，在企業中也有連帶責任制。企業內部的連帶責任因爲責任不清楚，雙方都認爲對方會處理，因而大多數會發生袖手旁觀、不負責任的情形。

以美國企業的情況爲例，根據一九九九年的調查，雖然有九十三%的企業採用書面請示制度，但是非正式決定事項的正式確認、報告或聯絡的手段以及眾多手段的集合等占六十二·二%。然而，期待著連帶責任明確化的機能之企業也有九·二%。用書面請示制度明確指出連帶責任者，到底有什麼效果？所謂大家的責任便是不屬於任何人的責任。

遵守的責任與結果的責任

優秀企業的管理經驗證明，責任是一個最需要明確的問題。二〇〇五年的一則新聞報導：當某國駐A國前大使博伊登被暴徒刺殺時，A國國家公共安全委員長引咎辭職。如果他真是引「咎」辭職的話，這有一點不合邏輯。不能因為他是國家公共安全委員長就可以防守得了暴徒。他之所以辭職是從政治責任的立場來考慮表示歉意。

又如富士銀行的十九億日元被詐騙事件發生時，巖佐董事長受到人們的批評攻擊，報紙也發表了是不是應該引咎辭職的社論。到底這件事的責任屬於誰？其實在企業內，責任應集中為「遵守的責任」與「結果的責任」兩種。

所謂「遵守的責任」，是對上至法律下至公司的規則、規定、內規等決策事項的負責。富士銀行事件中破壞「遵守的責任」的人之一是營沼，他不可能免除這個責任。再者對於「結果的責任」可說是應由分行行長負責。因為十九億日元如果被詐騙的話，那家分店的業績無法達到所期待的結果。富士銀行全體員工所期待的結果，雖然的確由於這事件受到影響，但是並未有大到足可動搖全體的大影響。因此，就企業來說，我們可以認為董事長對於事情的結果沒有責任。當然對於社會是有影響的，所以不得不一再地表示歉意。這樣可以瞭解日本企業的個人負責制了，照這樣把責任集中成兩種，責之所在就清楚了，發生事情時，就可將對之負責任者的數目止於一至二人。以此來提高責任意識，效果更好。

給你一個公司，你能賺錢嗎？ （讀品讀者回函卡）

■ 謝謝您購買本書，請詳細填寫本卡各欄後寄回，我們每月將抽選一百名回函讀者寄出精美禮物，並享有生日當月購書優惠！
想知道更多更即時的消息，請搜尋"永續圖書粉絲團"

■ 您也可以使用傳真或是掃描圖檔寄回公司信箱，謝謝。
傳真電話：（02）8647-3660　信箱：yungjiuh@ms45.hinet.net

◆ 姓名：　□男 □女　□單身 □已婚

◆ 生日：　□非會員　□已是會員

◆ E-Mail：　電話：（ ）

◆ 地址：

◆ 學歷：□高中及以下 □專科或大學 □研究所以上 □其他

◆ 職業：□學生 □資訊 □製造 □行銷 □服務 □金融
□傳播 □公教 □軍警 □自由 □家管 □其他

◆ 閱讀嗜好：□兩性 □心理 □勵志 □傳記 □文學 □健康
□財經 □企管 □行銷 □休閒 □小說 □其他

◆ 您平均一年購書：□ 5本以下 □ 6～10本 □ 11～20本
□ 21～30本以下 □ 30本以上

◆ 購買此書的金額：

◆ 購自：　市(縣)
□連鎖書店 □一般書局 □量販店 □超商 □書展
□郵購 □網路訂購 □其他

◆ 您購買此書的原因：□書名 □作者 □內容 □封面
□版面設計 □其他

◆ 建議改進：□內容 □封面 □版面設計 □其他
您的建議：

剪下後傳真、掃描或寄回至「22103新北市汐止區大同路三段194號9樓之1讀品文化收」

廣 告 回 信
基隆郵局登記證
基隆廣字第 55 號

2 2 1-0 3

新北市汐止區大同路三段 194 號 9 樓之 1

讀品文化事業有限公司　收

電話/(02)8647-3663　傳真/(02)8647-3660

劃撥帳號/18669219　永續圖書有限公司

請沿此虛線對折免貼郵票或以傳真、掃描方式寄回本公司，謝謝！

讀好書品嘗人生的美味

給你一個公司，你能賺錢嗎？